Examen des politiques agricoles de l'OCDE : Suisse 2015

Merci de citer cet ouvrage comme suit :
OCDE (2015), *Examen des politiques agricoles de l'OCDE : Suisse 2015*, Éditions OCDE.
http://dx.doi.org/10.1787/9789264226715-fr

ISBN 978-92-64-22670-8 (imprimé)
ISBN 978-92-64-22671-5 (PDF)

Examen des politiques agricoles de l'OCDE
ISSN 1990-0074 (imprimé)
ISSN 1990-0066 (en ligne)

Crédits photo : © Grigory Fedyukovich/iStock/Thinkstock ; © svedoliver/iStock/Thinkstock ; © Shaiith/Shutterstock.

Les corrigenda des publications de l'OCDE sont disponibles sur : *www.oecd.org/editions/corrigenda*.

Avant-propos

La politique agricole de la Suisse s'articule autour de quatre grands objectifs énoncés par la Constitution fédérale : la sécurité alimentaire (apporter une contribution essentielle à la sécurité de l'approvisionnement de la population en produits alimentaires) ; la durabilité de la production agricole (recourir à des modes de production qui préservent la fertilité des sols et la qualité de l'eau potable) ; l'entretien du paysage cultivé ; et enfin, la contribution au maintien de l'espace rural. Pour atteindre ces objectifs, la Suisse a adopté un système élaboré de mesures de politique agricole associant dispositions aux frontières et paiements directs aux agriculteurs, qui finissent par représenter un niveau relativement élevé de soutien à son secteur agricole. Depuis le milieu des années 90, le pays met en œuvre des réformes progressives consistant à réduire les interventions sur le marché et à renforcer le rôle des paiements directs.

La dernière évaluation de la politique agricole de la Suisse par le Secrétariat de l'OCDE remonte à la fin des années 80 (OCDE, 1988). Dans les années 90 et au début des années 2000, le pays a conduit une série de réformes. Les interventions sur le marché intérieur ont été progressivement supprimées, toutes les garanties de l'État qui s'appliquaient aux prix et aux ventes ont été abolies, et les mesures aux frontières ont été réduites. Dans le cadre de ces réformes, le système des paiements directs a été perfectionné et le montant de ces derniers a augmenté. Globalement, ces réformes de la politique agricole marquent depuis le milieu des années 90 un changement progressif mais notable de l'action menée.

Cette étude vise à recenser les réformes opérées ainsi que leurs incidences sur le niveau et la structure du soutien à l'agriculture ; et évaluer ces réformes et formuler des recommandations concernant la poursuite du processus. Les données ESP/ESC/ESSG, ainsi qu'une version enrichie du modèle d'évaluation des politiques (MEP), ont été utilisées pour évaluer les performances économiques et environnementales de l'action conduite. La politique agricole suisse soutient des exploitations très diverses du point de vue de leur taille et des conditions agroécologiques. L'évaluation s'efforce de rendre compte de cette hétérogénéité. Le rapport apporte en outre des informations sur les principales étapes de la réforme, sur le processus de décision en vigueur en Suisse et sur la compétitivité de l'industrie alimentaire du pays.

L'étude est divisé en cinq chapitres : chapitre 1 – *Évaluation et recommandations ; le* chapitre 2 *donne une vue d'ensemble de la situation de l'agriculture suisse, ainsi que des informations contextuelles concernant l'environnement dans lequel le secteur agricole exerce ses activités et la politique agricole est mise en œuvre ; Le* chapitre 3 *décrit les réformes de la politique agricole entreprises depuis le milieu des années 90 et analyse l'évolution du niveau et de la composition du soutien ; Le* chapitre 4 *évalue l'incidence des réformes de la politique agricole suisse sur les performances économiques et environnementales de l'agriculture ; Le* chapitre 5 *est consacré à l'évaluation des points forts et des points faibles de l'industrie alimentaire suisse, et de sa compétitivité sur le marché intérieur et le marché de l'UE.*

Remerciements

Ce rapport a été préparé par la Direction des échanges et de l'agriculture de l'OCDE avec la participation active des autorités et experts suisses. Les membres suivants du Secrétariat de l'OCDE ont contribué à la rédaction de cet ouvrage: Václav Vojtech (chef du projet), Shingo Kimura, Jussi Lankoski, Sylvain Rousset et Frank van Tongeren. L'assistance statistique et technique a été apportée par Karine Souvanheuane, Alexandra de Matos Nunes et Véronique de Saint-Martin. Le Secrétariat et le service éditorial a été assuré par Martina Abderrahmane, Jane Korinek et Michèle Patterson. Julien Hardelin a assisté par son expertise dans l'utilisation des indicateurs agri-environmentaux, d'autres commentaires utiles ont été fournis par Carmel Cahill et Andrzej Kwiecinski.

L'Office fédéral de l'agriculture (OFAG) a activement contribué à la préparation de ce rapport en fournissant des données et des commentaires au secrétariat de l'OCDE. Mr. Bernard Lehman (directeur) et Mr. Jacques Chavaz (directeur-adjoint) ont contribué par leur appui dans la phase du lancement du projet et aussi lors des discussions de la première version de l'étude entre les autorités suisses et le secrétariat. Mr. Michael Hartmann (OFAG) a été d'un inestimable soutien dans la coordination entre le secrétariat, l'OFAG et les instituts de recherche suisses impliqués dans la préparation de ce rapport. Mr. Maurizio Cerratti, de la Délégation permanente suisse auprès de l'OCDE, a aussi été d'une grande assistance dans la communication avec les autorités suisses.

Un certain nombre d'experts locaux de différents instituts de recherche et d'autres institutions suisses ont contribué en fournissant des données et leur expertise au secrétariat lors de la préparation de ce rapport :

- Christine Bosshard, Daniel Bretscher, Felix Herzog, Pierrick Jan, Philippe Jeanneret, Markus Lips, Gabriele Mack, Stefan Mann, Thomas Nemecek, and Andreas Roesch (Agroscope Reckenholz Tänikon);
- Antoine Champetier de Ribes, Michel Dumondel, and Simon Peter (Groupe Agecon, ETH Zurich);
- Dominique Barjolle, Christian Schader, and Matthias Stolze (FiBL-Institut de recherche en agriculture biologique);
- Christine Badertscher and Beat Röösli (Union Suisse des Paysans);
- Florian Kohler and Franz Murbach (Office fédéral des statistiques suisses).

Table des matières

Tableaux

Graphiques

Acronymes et abréviations

AACU	Accord sur l'agriculture issu du Cycle d'Uruguay
AELE	Association européenne de libre-échange
BAB	Le bilan azoté brut
BPB	Le bilan phosphore brut
BNS	Banque nationale suisse
CH_4	Méthane
CHF	Franc suisse
CO_2	Dioxide de carbone
EEE	l'Espace économique européen
EUR	Euro
FAO	Organisation des Nations Unies pour l'alimentation et l'agriculture
FMI	Fonds monétaire international
GES	Gaz à effet de serre
GATT	Accord général sur les tarifs douaniers et le commerce
IAE	Indicateurs agroenvironnementaux
IPC	Indice des prix à la consommation
IP LAIT	L'organisation interprofessionnelle suisse des producteurs et transformateurs de lait
LEI	Institut de recherche en économie agricole (Pays-Bas)
MAE	Monitoring agroenvironnemental
MEP	Modèle d'évaluation des politiques
MGS	Mesure globale du soutien
N	Azote
NACE	Nomenclature statistique des activités économiques dans la Communauté européenne
N_2O	Protoxyde d'azote
NPF	Nation la plus favorisée
OCDE	Organisation de coopération et de développement économiques
OFAG	Office fédéral de l'agriculture (Suisse)
OFS	Office fédéral des statistiques (Suisse)
OMC	Organisation mondiale du commerce
ONU	Organisation des Nations Unies
OTC	Obstacles techniques au commerce
P	Phosphore
PA 2002	Réforme de politique agricole 1998-2003
PA 2007	Réforme de politique agricole 2004-07
PA 2011	Réforme de politique agricole 2007-13
PAB	Production agricole brute

PAC	Politique agricole commune
PER	Prestations écologiques requises
PIB	Produit intérieur brut
PMA	Pays les moins avancés
PPA	Parités de pouvoir d'achat
PRG	Potentiel de réchauffement global
RCA	L'avantage comparatif révélé, aussi appelé indice de Balassa
R-D	Recherche-développement
RP 93-98	Réforme de politique (agricole) 1993-98
RP 99-03	Réforme de politique (agricole) 1999-2003
RP 04-07	Réforme de politique (agricole) 2004-07
RP 08-12	Réforme de politique (agricole) 2008-12
RMA	L'avantage relatif à l'importation
RTA	L'avantage commercial relatif
RXA	L'avantage relatif à l'exportation
SAF	S.A. des Sucreries Aaberg et Frauenfeld (Société regroupant les deux seules raffineries de sucre existant en Suisse)
SAU	Superficie agricole utilisée
SCE	Surfaces de compensation écologique
SGS	Sauvegardes spéciales
SPG	Système de préférence générale
SPS	Mesures sanitaires et phytosanitaires
TVA	Taxe sur la valeur ajoutée
UE	Union européenne
USD	Dollar des États-Unis
UTA	Unités de travail-année

Indicateurs du soutien établis par l'OCDE

CNP	Coefficient nominal de protection
CNS	Coefficient nominal de soutien
ESC	Estimation du soutien aux consommateurs
ESP	Estimation du soutien aux producteurs
ESSG	Estimation du soutien aux services d'intérêt général
EST	Estimation du soutien total
SPM	Soutien des prix du marché
TGP	Transferts au titre d'un groupe de produits
TGP1	Transferts au titre d'un groupe de produits – toutes les cultures
TGP3	Transferts au titre d'un groupe de produits – toutes les céréales
TGP7	Transferts au titre d'un groupe de produits – tout le bétail
TGP8	Transferts au titre d'un groupe de produits – les ruminants
TGP10	Transferts au titre d'un groupe de produits – céréales et oléagineux
TGP11	Transferts au titre d'un groupe de produits – toutes les cultures à l'exception de la vigne

Résumé

L'agriculture joue un rôle relativement mineur et en diminution dans l'économie de la Suisse, où elle représente moins de 1 % du PIB et à peu près 4 % de l'emploi. Ce secteur est néanmoins considéré comme un atout important pour maintenir la sécurité alimentaire et comme un producteur d'externalités positives (services environnementaux et préservation des paysages cultivés, par exemple), auxquelles la société suisse est très attachée. L'agriculture est en grande partie pratiquée dans des conditions naturelles difficiles en Suisse.

La politique agricole du pays a pour but de répondre de façon équilibrée à différents enjeux commerciaux, sociaux et environnementaux. Pour ce faire, elle met en œuvre un système de protection des marchés associé à une panoplie complexe de paiements aux producteurs qui soutiennent les revenus et encouragent certains types de pratiques agricoles.

Relativement élevé, le coût de la politique agricole à la charge des consommateurs et des contribuables suisses représente environ 1 % du PIB. Les mesures en vigueur empêchent le pays de s'ouvrir davantage aux échanges et le privent de possibilités de croissance et d'exportations, notamment dans le secteur agroalimentaire. Par conséquent, la réforme de la politique agricole et du soutien à l'agriculture qui en découle est une question importante à l'ordre du jour des pouvoirs publics.

Les réformes conduites depuis le début des années 90 ont sensiblement réduit les distorsions du marché. Les prix intérieurs ont chuté et se sont rapprochés de ceux des marchés mondiaux. Cependant, les prix payés aux producteurs s'établissent actuellement à peu près 40 % au-dessus. Certes, le niveau du soutien apporté à l'agriculture en Suisse diminue peu à peu, comme l'atteste l'estimation du soutien aux producteurs (ESP), mais il reste parmi les plus élevés dans la zone OCDE. Au milieu des années 90, environ 70 % des recettes agricoles brutes provenaient des transferts publics financés par les consommateurs et les contribuables suisses ; en 2011-13, la proportion se situait aux alentours de 50 %.

L'abandon progressif des mesures de soutien des prix a conduit à emprunter d'autres chemins pour aider le secteur agricole et principalement à verser aux producteurs différents paiements fondés sur leurs superficies et le nombre de leurs animaux. Cette redéfinition des instruments d'action a amélioré l'efficience globale du soutien, car une plus grande partie de celui-ci bénéficie effectivement aux agriculteurs s'il prend la forme de paiements directs que s'il passe par le soutien des prix du marché. Elle a aussi permis de mieux viser les zones géographiquement défavorisées.

Des paiements écologiques spécifiques sont versés aux exploitations qui recourent volontairement à certaines pratiques agricoles pour améliorer leur performance environnementale et le bien-être des animaux. Ils représentent moins de 10 % de la totalité des paiements. La Suisse a été parmi les pionniers de l'écoconditionnalité et le versement des paiements directs y est subordonné au respect de critères écologiques depuis 1999.

Les objectifs agroenvironnementaux définis en 2002 par le gouvernement fédéral ont presque tous été atteints dès 2005, sauf en ce qui concerne la réduction des excédents d'azote. Le passage du soutien des prix du marché aux paiements directs se traduit par une diminution de l'intensité avec laquelle sont utilisés les engrais minéraux et les pesticides. En favorisant l'extensification des cultures et la conversion des terres labourables en pâturages, notamment dans la région de plaine, les réformes ont des retombées environnementales positives aussi bien à la marge intensive (utilisation d'intrants), qu'à la marge extensive (utilisation des terres). Comparé à son niveau dans l'ensemble de la zone OCDE, l'excédent moyen d'azote par hectare de terres agricoles est un peu plus élevé (8 %), tandis que l'excédent de phosphore est très inférieur (50 %).

Un nouveau cadre d'action va s'appliquer à l'agriculture sur la période 2014-17. Les principaux changements sont la suppression de la contribution générale à la surface et l'amélioration du ciblage moyennant la subordination des paiements à certaines pratiques agricoles. Il convient aussi de signaler le remplacement du paiement général auquel donnaient droit les ruminants par un paiement à la surface de pâturage subordonné à un chargement minimum en bétail. Ce changement encouragera la poursuite de l'extensification de l'élevage et pourrait faire baisser le chargement en bétail.

Pour améliorer la performance de la politique agricole, il peut être utile de distinguer les mesures axées sur les défaillances du marché (fourniture d'externalités positives et de biens publics, et suppression des externalités négatives) et celles qui visent les problèmes de revenus. La politique actuelle combine les deux et s'attache à remédier aux défaillances du marché en associant l'écoconditionnalité et des taux de paiement différentiés pour encourager certaines pratiques agricoles et la poursuite de la production dans les zones montagneuses.

Les paiements directs atteignent désormais un niveau si élevé relativement à ce que les agriculteurs gagnent en vendant leurs produits sur le marché que les prix et les signaux du marché ne jouent qu'un rôle secondaire parmi tous les facteurs qui déterminent leurs décisions. Cela empêche l'ajustement structurel dans le secteur agricole et, plus généralement, limite le développement d'un secteur alimentaire compétitif contribuant à la réalisation des objectifs de sécurité alimentaire et proposant des produits de qualité élevée.

Si l'on compare le secteur de l'alimentation et des boissons de la Suisse et celui de ses principaux concurrents dans l'UE, on constate que sa compétitivité est presque entièrement imputable à des branches qui se procurent la majeure partie de leurs matières premières à l'étranger ou dont les matières premières ne sont pas d'origine agricole (eau minérale). Entre 2001 et 2011, le secteur de la transformation du caco et du chocolat a enregistré une croissance annuelle de 10 %, soit près de deux fois plus rapide que celle du secteur de l'alimentation et des boissons dans son ensemble (5.8 %). Avec les boissons, cette activité représente 72 % des exportations de l'industrie agroalimentaire suisse.

Les secteurs les plus faibles sont ceux de la transformation de la viande et de la transformation du lait, qui achètent la majeure partie de leurs matières premières aux producteurs locaux. Tout comme le secteur des aliments pour animaux, faible lui aussi, ils doivent payer ces matières premières relativement cher, beaucoup plus que s'ils se les procuraient dans l'UE. De plus, ces secteurs moins compétitifs sont comparativement intensifs en main-d'œuvre et la productivité du travail y croît assez lentement.

Les échanges, y compris dans le secteur agroalimentaire, sont de plus en plus organisés en chaînes de valeur régionales et mondiales dans lesquelles des entreprises spécialisées, à chaque stade de la production, ajoutent de la valeur aux produits, jusqu'à ce que ceux-ci arrivent sur le marché final. Pour participer au mieux à ces chaînes de valeur, il faut pouvoir accéder sans entraves aux meilleures matières premières au meilleur prix, et les réglementations et les normes techniques doivent faciliter les échanges de produits semi-transformés et finis avec les pays partenaires.

Assujettir davantage l'agriculture commerciale aux mécanismes du marché contribuerait à accroître la compétitivité des industries alimentaires suisses qui se procurent l'essentiel de leurs matières premières d'origine agricole dans le pays. Abaisser le coût des intrants et maintenir, voire améliorer, l'image de marque des produits suisses aux yeux des consommateurs locaux et étrangers serait probablement plus viable, du point de vue stratégique, que protéger le secteur contre la concurrence. Le changement structurel se poursuivra à l'intérieur du secteur agroalimentaire et il nécessitera de tirer parti d'économies d'échelle et de repérer des marchés de niche.

L'expérience positive de l'ouverture du marché suisse du fromage à la concurrence de l'UE, depuis 2007, et de l'élimination du quota laitier, en 2009, montre que le secteur agricole est capable de s'adapter. D'après la simulation d'une politique hypothétique présentée dans cette étude, les gains que les consommateurs retireraient d'un meilleur alignement des prix agricoles suisses sur ceux de l'UE seraient supérieurs aux pertes qu'enregistreraient les producteurs et les contribuables, même si des paiements supplémentaires étaient instaurés transitoirement. Les répercussions sur la production intérieure seraient globalement modérées, sauf dans la filière bovine. Des retombées indirectes positives importantes pourraient être attendues dans l'industrie agroalimentaire, moyennant une diminution des prix des matières premières et l'accès à un marché plus vaste.

Les résultats de cette étude conduisent à formuler les recommandations suivantes :

- Libéraliser le système de protection douanière et réduire les obstacles au commerce. Il conviendrait d'abolir les subventions à l'exportation de produits transformés.
- Abaisser le niveau global des paiements directs généraux pour permettre aux agriculteurs de réagir aux signaux du marché et accroître les incitations à produire des produits de qualité élevée à des prix compétitifs.
- Mettre en place un système à deux vitesses pour concilier les objectifs potentiellement contradictoires de la politique agricole de la Suisse :
  - d'une part, un système de paiements directs différenciés assurerait la fourniture de biens et services répondant aux attentes de la société, concernant par exemple les paysages cultivés et la biodiversité ;
  - d'autre part, les producteurs potentiellement compétitifs (principalement dans la région de plaine) devraient avoir une marge de manœuvre plus grande pour optimiser leur production et répondre aux signaux du marché. Des mesures facilitant le changement structurel pourraient être adoptées à cet effet (aides à l'investissement, plans de désengagement, etc.).
- Mettre en œuvre le système à deux vitesses en proposant une panoplie de mesures différenciées par régions. L'accès aux différents éléments de cette panoplie serait déterminé par la situation géographique des producteurs. Par exemple, seuls les agriculteurs de montagne auraient droit à des paiements au titre des paysages cultivés,

tandis que ceux de la région de plaine pourraient recevoir un appui pour moderniser leur activité. Le travail administratif ne s'en trouverait pas alourdi, dans la mesure où les paiements directs sont déjà différenciés géographiquement dans le système actuel.

- Renforcer le rôle de la réglementation et réduire celui des paiements pour atteindre les objectifs tels que l'utilisation durable des ressources et le bien-être des animaux.
- Inscrire les obligations relevant actuellement de l'écoconditionnalité dans la réglementation contraignante, pour qu'elles servent ensuite de référence à de nouvelles mesures d'écoconditionnalité plus exigeantes liées aux paiements de soutien. Cela réduirait le coût budgétaire et améliorerait la performance environnementale de l'agriculture.

Chapitre 1

Évaluation et recommandations

Ce chapitre tire les conclusions en s'appuyant sur les principes et les critères opérationnels établis par les ministres pour évaluer les réformes menées au sein de la zone OCDE. Les recommandations qui y sont par ailleurs formulées préconisent de continuer de rechercher des mesures efficaces, générant aussi peu de distorsions que possible et propices à la réalisation des objectifs assignés au secteur agricole par la société.

Contexte des réformes de la politique agricole

La Suisse est une petite économie ouverte qui se caractérise par un PIB par habitant élevé et des taux d'inflation et de chômage relativement bas. Le poids relatif de l'agriculture dans l'économie du pays est modeste : le secteur représente moins de 1 % du produit intérieur brut et à peu près 4 % de l'emploi. En contrepartie, l'industrie et le secteur des services sont très développés. Du point de vue structurel, les exploitations familiales d'assez petite taille prédominent. Les espaces vallonnés ou situés en altitude sont consacrés à la production extensive de lait et de viande. Les terres arables représentent 27 % de la superficie agricole totale et les terres irriguées 2 %. La Suisse est depuis longtemps importatrice nette de produits agroalimentaires, qui constituent approximativement 6 % des importations totales et aux alentours de 4 % des exportations totales.

Bien que l'agriculture joue un rôle relativement mineur et en déclin dans l'économie du pays, elle est néanmoins considérée comme un atout important pour maintenir la sécurité alimentaire et, de plus en plus, comme un producteur d'externalités positives (services environnementaux et préservation des paysages cultivés, par exemple), auxquelles la société suisse est très attachée. Relativement élevé, le coût de la politique agricole à la charge des consommateurs et des contribuables suisses représente actuellement environ 1 % du PIB. Par conséquent, cette politique et le soutien apporté au secteur figurent en bonne place dans le débat politique en Suisse.

Outre les attentes revendiquées avec vigueur par la société, la politique agricole de la Suisse est aussi influencée par des facteurs externes. Les plus importants sont les suivants :

- ***Les accords de l'OMC,*** en particulier l'Accord d'Uruguay sur l'agriculture (AACU), qui ont libéralisé les échanges agroalimentaires et créé un ensemble contraignant de règles sur le soutien à l'agriculture. Dans le cadre des engagements qu'elle a pris au titre de l'AACU, la Suisse a réduit sa protection aux frontières, mais celle-ci reste néanmoins importante car les droits de douane étaient élevés à l'origine. Par ailleurs, l'application de l'AACU a conduit à restructurer le soutien agricole assuré au moyen de paiements directs et à s'orienter vers des formes de soutien qui faussent moins la production et les échanges.
- ***La libéralisation progressive des échanges avec l'UE.*** L'Union européenne est le principal partenaire commercial de la Suisse, y compris dans le domaine agroalimentaire. L'accord agricole entré en vigueur le 1er juin 2002 facilite l'accès aux marchés dans les deux sens. De nouvelles vagues de libéralisation du commerce agroalimentaire avec l'UE (en 2005 et 2007) ont ensuite incité la Suisse à aller plus loin dans les réformes axées sur le respect des lois du marché, notamment dans les secteurs du lait et du sucre.

Évaluation de l'évolution de la politique

Évolution du soutien à l'agriculture entre 1986 et 2013

Le niveau du soutien a certes baissé progressivement en Suisse sous l'effet de la mise en œuvre de réformes dans les années 90, comme en témoigne l'Estimation du soutien aux producteurs (ESP), mais il reste parmi les plus élevés de la zone OCDE. Au milieu des années 90, à peu près 70 % des recettes agricoles brutes étaient assurés par des transferts publics financés par les consommateurs ou les contribuables et en 2011-13, cette proportion se situait aux alentours de 50 %. La Suisse fait partie des pays qui affichent les ESP en pourcentage les plus élevées, aux côtés du Japon, de la Corée, de la Norvège et de l'Islande.

L'amélioration de la structure du soutien est plus franche. Le renoncement au soutien des prix a conduit à utiliser d'autres vecteurs pour appuyer le secteur agricole, notamment des paiements, qui passent pour provoquer moins de distorsions de la production et des échanges. Le soutien des prix du marché ayant été très réduit par rapport aux niveaux élevés qu'il atteignait dans les années 80, la part des mesures qui faussent le plus la production et les échanges est graduellement passée de 89 % du soutien total en 1986-88 à 69 % en 1995-97, puis à 41 % en 2011-13.

Dans la catégorie des paiements directs, les deux plus importants sont les paiements non liés à la production et fondés sur des données historiques (contribution générale à la surface) et les paiements par animal effectivement élevé applicables aux ruminants (qui regroupent les paiements relevant de plusieurs mesures générales et ceux dont bénéficient les zones défavorisées).

Redéfinition des instruments et ciblage des mesures

Dans les années 80, la politique agricole consistait essentiellement à soutenir les revenus agricoles au moyen de prix à la production administrés, conçus pour que les agriculteurs rentrent dans leurs frais. À la fin de cette décennie, le système qui garantissait aux agriculteurs des prix fixes et des débouchés pour leurs produits avait atteint ses limites. Son coût pour le contribuable (dépense publique) et pour le consommateur (prix élevés) augmentait sans cesse et les effets néfastes de la production agricole sur l'environnement étaient de plus en plus manifestes. En outre, les initiatives menées pour libéraliser le commerce mondial poussaient de plus en plus à assouplir les mesures protectionnistes et les dispositions qui faussaient sensiblement les échanges dans le domaine de l'agriculture.

Les réformes conduites depuis le début des années 90 ont nettement réduit les distorsions du marché. Elles se sont traduites par une diminution du soutien des prix, les prix intérieurs fléchissant et se rapprochant de ceux des marchés mondiaux. Toutefois, de fortes distorsions subsistent, puisque les prix payés aux producteurs se situent toujours environ 40 % au-dessus du niveau mondial. Le coût est donc important pour les consommateurs suisses.

La diminution du soutien des prix du marché a été en grande partie contrebalancée par une augmentation des paiements directs aux agriculteurs. En conséquence, le niveau global du soutien apporté aux producteurs n'a que modérément baissé ces vingt dernières années. Ces paiements sont en majeure partie des paiements directs généraux fondés sur une superficie ou un nombre d'animaux. La substitution des paiements directs au soutien des prix du marché a amélioré l'efficience globale de l'appui destiné aux agriculteurs car elle leur permet d'en recueillir une plus grande partie. Par conséquent, le surplus du producteur n'a pas diminué autant que le volume du soutien.

Cependant, les paiements directs atteignent désormais un niveau si élevé relativement à ce que les agriculteurs gagnent en vendant leurs produits sur le marché que les prix et les signaux du marché ne jouent qu'un rôle secondaire parmi tous les facteurs qui déterminent leurs décisions. Cela risque d'empêcher le développement d'un secteur alimentaire compétitif, à même de participer à la sécurité alimentaire et de proposer des produits de qualité élevée conformément aux objectifs des pouvoirs publics. En outre, de par son ampleur et sa structure, le soutien à l'agriculture fait partie des facteurs qui expliquent la faible compétitivité des industries alimentaires suisses qui s'approvisionnent en matières premières sur le marché intérieur. Il fait par ailleurs obstacle aux nécessaires restructurations du secteur agricole en maintenant la production là où elle n'est pas viable économiquement et, surtout, en restreignant l'expansion et le développement de l'activité dans la région de plaine plus productive.

Malgré l'augmentation du soutien destiné aux zones défavorisées géographiquement et les efforts consentis pour améliorer la performance environnementale, certaines incohérences subsistent entre les instruments d'action utilisés pour atteindre les différents objectifs. Par exemple, le fort accroissement des paiements par tête de bétail, décidé pour maintenir l'élevage dans les zones défavorisées géographiquement, a encouragé à augmenter le chargement des pâturages en bétail. Il en a résulté une aggravation de la pression de l'élevage sur l'environnement.

Objectifs agroenvironnementaux

L'agriculture remplit une fonction essentielle dans la stratégie nationale de développement durable. Outre la réglementation environnementale, des *paiements écologiques* peuvent être versés aux exploitants qui appliquent sans y être contraints certaines pratiques agricoles visant à améliorer leur performance environnementale et le bien-être des animaux. Quoique relativement modestes, ils augmentent en proportion de la totalité des paiements. La Suisse a été parmi les pionniers de l'écoconditionnalité et le versement des paiements directs y est subordonné au respect de critères écologiques plus exigeants que les obligations légales. Le système des « prestations écologiques requises » (PER) est en place depuis 1999.

Les principaux enjeux environnementaux auxquels l'agriculture est confrontée ont été mis en évidence en 2002 par le gouvernement fédéral, qui a fixé plusieurs objectifs agroenvironnementaux intermédiaires pour 2005. Des progrès notables ont été faits dans ce cadre. Par rapport au début des années 90, presque tous les objectifs étaient atteints en 2005, à l'exception de la réduction des excédents d'azote. L'évolution des principaux indicateurs agroenvironnementaux au cours de la période allant de 1990 à 2010 montre que les améliorations les plus sensibles de la performance environnementale ont été obtenues sur la période courant de 1990-92 à 1997-98 et que, depuis, le rythme s'est ralenti. Le passage du soutien des prix aux paiements directs a entraîné une réduction de l'intensité avec laquelle les engrais minéraux et les pesticides étaient utilisés, ce qui a fait baisser les pressions environnementales liées à l'intensité de la production. En favorisant l'extensification des cultures et la conversion des terres labourables en pâturages, notamment dans la région de plaine, les réformes ont des retombées environnementales positives aussi bien à la marge intensive (utilisation d'intrants), qu'à la marge extensive (superficies exploitées). D'après les études d'impact, les actions imposées par l'écoconditionnalité ont un effet positif sur la biodiversité des exploitations et contribuent à la réduction du lessivage des nitrates et de la pollution des eaux de surface par le phosphore.

Les réformes adoptées dans les années 90 ont aussi fait diminuer l'excédent d'azote et les émissions de gaz à effet de serre, mais les suivantes ont inversé cette tendance en favorisant le développement du secteur de l'élevage.

Malgré l'amélioration globale de la performance environnementale de l'agriculture suisse, des problèmes écologiques persistent, à commencer par la pollution des eaux souterraines et de surface par les éléments nutritifs et les pesticides.

Évaluation de la PA 2014-17

Le principal élément de la réforme en cours concerne le système de paiements directs. Toutes les contributions générales à la surface ont été supprimées. Les paiements directs destinés aux agriculteurs sont désormais étroitement liés à certains objectifs qui sont eux-mêmes en rapport avec des pratiques agricoles. Des « contributions de transition » viennent s'y ajouter pour faciliter l'adaptation. Un autre changement important réside dans le remplacement des paiements généraux par animal pour la garde de ruminants par un paiement par hectare de pâturages, qui vise à maintenir l'élevage à un niveau minimum.

Le passage de paiements par animaux à des paiements par hectare encouragera l'extensification de l'élevage et pourrait faire baisser le chargement en bétail. La réforme est censée réduire l'excédent d'azote et les émissions de gaz à effet de serre. L'amélioration de la performance environnementale sera probablement concentrée dans la région des collines et la région de montagne. Le passage aux paiements à la surface devrait aussi améliorer l'efficacité de transfert du dispositif. Les résultats des simulations indiquent que le surplus du producteur ne diminue que modestement et que le coût à la charge du contribuable chute beaucoup plus nettement.

Compétitivité de l'industrie alimentaire suisse

Dans l'ensemble, le secteur suisse de l'alimentation et des boissons occupe une position relativement solide vis-à-vis de ses principaux concurrents de l'UE. Cependant, ce constat général masque des situations extrêmement variées selon les différentes filières de ce secteur. Plus précisément, l'image positive globale est principalement imputable à la catégorie « autres produits alimentaires », dans laquelle la filière de la transformation du cacao et du chocolat occupe une place prépondérante. Entre 2001 et 2011, cette catégorie a enregistré une croissance annuelle de 10 %, soit près de deux fois plus rapide que celle du secteur de l'alimentation et des boissons dans son ensemble (5.8 %).

Les deux filières les plus performantes, à savoir les « autres produits alimentaires » et les boissons, représentent 72 % des exportations du secteur agroalimentaire suisse. Dans leur majeure partie, les matières premières qu'elles utilisent sont importées ou ne sont pas d'origine agricole (eau minérale).

Les filières les plus faibles sont celles de la viande et des produits laitiers, qui s'approvisionnent en matières premières principalement auprès des agriculteurs suisses, encore que certains producteurs de produits laitiers obtiennent de bons résultats sur des marchés de niche très rentables. Ces filières, de même que le modeste secteur des aliments pour animaux, doivent payer leurs matières premières relativement cher, beaucoup plus que s'ils se les procuraient dans l'UE. De plus, ces activités moins compétitives connaissent une (augmentation de la) productivité du travail relativement faible et sont assez intensives en main-d'œuvre.

La poursuite de l'intégration du marché agroalimentaire de la Suisse avec celui de l'UE donnera peut-être l'élan nécessaire à des changements structurels dans ces filières moins compétitives et renforcera aussi leur compétitivité en leur donnant accès à des matières premières agricoles moins onéreuses. La compétitivité du secteur agroalimentaire peut être accrue grâce à une déréglementation des marchés et à une amélioration de leur transparence, aussi bien en amont qu'en aval. Par ailleurs, les consommateurs bénéficieraient d'une plus grande concurrence en aval, y compris au niveau du commerce de détail.

Évolution future de l'action publique – recommandations

La politique agricole du pays a pour but de répondre de façon équilibrée à différents enjeux commerciaux, sociaux et environnementaux. Pour ce faire, elle met en œuvre un système de protection des marchés associé à une panoplie de paiements aux producteurs qui soutiennent les revenus et encouragent certains types de pratiques agricoles. Les politiques régionales (développement rural) et les politiques sectorielles (agriculture) doivent aussi être mieux coordonnées et la politique agricole doit être placée dans le contexte plus large de la politique rurale (OECD, 2011).

Un cloisonnement plus clair des objectifs de l'action publique et de ses instruments améliorerait la performance du secteur agricole, ainsi que l'efficience avec laquelle le soutien est dispensé aux agriculteurs. Le développement de l'activité, l'innovation et la compétitivité, dans l'agriculture comme dans l'industrie alimentaire, se heurtent à une politique commerciale qui majore les prix des produits importés et met les producteurs à l'abri de la concurrence.

Les échanges, y compris dans le secteur agroalimentaire, sont de plus en plus organisés en chaînes de valeur régionales et mondiales dans lesquelles des entreprises spécialisées, à chaque stade de la production, ajoutent de la valeur aux produits, jusqu'à ce que ceux-ci arrivent sur le marché final (OCDE, 2013). Pour participer au mieux à ces chaînes de valeur, il faut pouvoir accéder sans entraves aux meilleures matières premières au meilleur prix, et les réglementations et les normes techniques doivent faciliter les échanges de produits semi-transformés et finis avec les pays partenaires. Dans cette perspective, la libéralisation du système de protection douanière doit se poursuivre et les obstacles au commerce doivent être réduits. Il convient d'abolir les subventions à l'exportation de produits transformés. Dans un premier temps, il pourrait être utile d'approfondir l'intégration du marché suisse et du marché de l'UE. D'après une simulation visant les effets sur le secteur agricole primaire, les gains que les consommateurs retireraient d'un meilleur alignement des prix suisses sur ceux de l'UE seraient supérieurs aux pertes qu'enregistreraient les producteurs et les contribuables, même si des paiements supplémentaires étaient instaurés transitoirement. Les répercussions sur la production intérieure seraient globalement modérées, sauf dans la filière bovine. Des retombées indirectes positives importantes pourraient être attendues dans l'industrie agroalimentaire, moyennant une diminution des prix des matières premières et l'accès à un marché de consommateurs plus vaste.

La recherche de la sécurité alimentaire devrait s'appuyer davantage sur la compétitivité de l'agriculture. En Suisse, l'activité agricole a lieu dans des conditions naturelles difficiles en grande partie mais pas en totalité, et les mesures de soutien la maintiennent dans des endroits où elle disparaîtrait sans elles. Il serait toutefois préférable de distinguer entre les mesures axées sur les défaillances du marché (fourniture d'externalités positives et de biens publics, et suppression des externalités négatives) et celles qui visent les problèmes de revenus. La politique actuelle combine les deux et s'attache à remédier aux défaillances du marché en associant l'écoconditionnalité et des taux de paiement différentiés pour encourager certaines pratiques agricoles et la poursuite de la production dans les zones montagneuses.

Même les agriculteurs qui seraient compétitifs si le marché était plus ouvert ne peuvent pas répondre efficacement aux signaux du marché, car les paiements de soutien représentent désormais une trop grande partie de leurs recettes. Il faudrait réduire ces subsides pour permettre aux producteurs de réagir à ces signaux et les inciter davantage à produire des produits de qualité élevée à des prix compétitifs.

Pour concilier les objectifs potentiellement contradictoires de la politique agricole de la Suisse, il conviendrait de songer à une approche différenciée, en complément de la poursuite de la libéralisation du marché agroalimentaire. Un système à deux vitesses pourrait être envisagé :

- d'une part, un système de paiements directs différenciés assurerait la fourniture de biens et services répondant aux attentes de la société, concernant par exemple les paysages cultivés et la biodiversité ;
- d'autre part, les producteurs potentiellement compétitifs (principalement dans la région de plaine) devraient avoir une marge de manœuvre plus grande pour optimiser leur production et répondre aux signaux du marché. Des mesures facilitant le changement structurel pourraient être adoptées à cet effet (aides à l'investissement, plans de désengagement, etc.).

Concrètement, ce système à deux vitesses peut être mis en œuvre en proposant une panoplie de mesures différenciées par régions. L'accès aux différents éléments de cette panoplie serait déterminé par la situation géographique des producteurs. Par exemple, seuls les agriculteurs de montagne auraient droit à des paiements au titre des paysages cultivés, tandis que ceux de la région de plaine pourraient recevoir un appui pour moderniser leur activité. Le travail administratif ne s'en trouverait pas alourdi, dans la mesure où les paiements directs sont déjà différenciés géographiquement dans le système actuel. Les problèmes de revenus que continueraient de rencontrer certains ménages agricoles pourraient être pris en charge par le système de protection sociale.

Pour atteindre les objectifs tels que l'utilisation durable des ressources et le bien-être des animaux, les réglementations existantes pourraient être rendues plus strictes, tandis que les paiements compensatoires pour le bien-être des animaux et l'environnement pourraient être réduits. De façon concrète, les obligations actuelles liées à la conditionnalité seraient intégrées à la réglementation obligatoire, qui fournirait une nouvelle référence pour des obligations de conditionnalité plus strictes pour bénéficier des soutiens directs. Cela pourrait être atteint sans accroitre la charge réglementaire pour les agriculteurs, ni les coûts de transaction liés à la mise en œuvre des politiques.

Assujettir davantage l'agriculture commerciale aux mécanismes du marché contribuerait à accroître la compétitivité des industries alimentaires suisses qui se procurent l'essentiel de leurs matières premières d'origine agricole dans le pays. Abaisser le coût des intrants et maintenir, voire améliorer, l'image de marque des produits suisses aux yeux des consommateurs locaux et étrangers serait probablement plus viable, du point de vue stratégique, que protéger le secteur contre la concurrence. La restructuration du secteur alimentaire sera inévitable et elle passera par des économies d'échelle et la mise en évidence de marchés de niche.

Références

OCDE (2014), *Économies interconnectées : comment tirer parti des chaînes de valeur mondiales*, Éditions OCDE, *http://dx.doi.org/10.1787/9789264201842-fr*.

OCDE (2011), *Examens territoriaux de l'OCDE : Suisse, 2011*, Éditions OCDE, *http://dx.doi.org/10.1787/9789264092747-fr*.

OCDE (2008), *Élaboration et mise en œuvre des politiques agricoles : une synthèse*, Éditions OCDE, *http://dx.doi.org/10.1787/243785574180*.

Chapitre 2

La politique agricole en Suisse : le cadre d'action

Ce chapitre donne une vue d'ensemble de la situation de l'agriculture suisse, ainsi que des informations contextuelles concernant l'environnement dans lequel le secteur agricole exerce ses activités et la politique agricole est mise en œuvre. Il examine plus particulièrement le rôle du secteur agricole dans l'économie, ses caractéristiques structurelles, et ses performances économique et environnementale.

Aspects généraux

Bien que l'agriculture joue un rôle relativement mineur et de moins en moins important dans l'économie suisse, ce secteur est perçu comme un atout important pour assurer la sécurité alimentaire, et de plus en plus, comme une source d'externalités positives auxquelles la société suisse est très attachée, par exemple dans les domaines de l'environnement et du bien-être des animaux. Par conséquent, la politique agricole et le soutien à l'agriculture qui en découle constituent un élément de poids dans le paysage politique de la Suisse. Ce chapitre présente les informations contextuelles sur les conditions économiques, sociales, structurelles et environnementales qui influent sur le secteur de l'agriculture en Suisse et sur le climat dans lequel la politique agricole est mise en œuvre.

Caractéristiques politiques et démographiques

La Suisse est un pays relativement petit, qui compte 8 millions d'habitants vivant sur un territoire de 40 000 km^2. Elle est située au cœur de l'Europe occidentale, et au carrefour des langues et des cultures allemandes, française et italienne. Les quatre langues officielles de la Suisse, parlées dans les différentes régions du pays, sont l'allemand, le français, l'italien et le romanche (rhéto-roman).

La Suisse est un pays dont la croissance démographique est très dynamique par rapport aux autres pays d'Europe. Au cours de la dernière décennie, le nombre de résidents permanents a augmenté d'environ 1 % par an et a atteint 8.04 millions en 2012. Depuis les années 90, la croissance de la population est due essentiellement à l'immigration. La proportion d'immigrés dans la population totale était de quelque 17 % en 1990 et 23 % en 2012. La répartition entre population rurale et urbaine est stable, la population rurale représentant 26 % du total en 2012, tout comme en 1990.

Par ailleurs, la pyramide des âges n'a pas évolué très sensiblement. Par rapport à 1990, la proportion de jeunes (de 0 à 19 ans) a diminué de 3 points de pourcentage pour atteindre 20.4 % en 2012, la part de la population âgée de 20 à 64 ans est restée relativement stable (62.2 %), et la part de la population âgée de plus de 65 ans a augmenté de 2.8 points de pourcentage pour atteindre 17.4 %.

Du point de vue politique et administratif, la Suisse est une confédération de 26 cantons (la *Confédération helvétique*). Les cantons (États membres de la confédération) jouissent d'un degré élevé d'autonomie. Les gouvernements, les parlements et les tribunaux sont organisés selon trois niveaux : fédéral, cantonal et communal[1]. La démocratie, en particulier la démocratie directe, est une tradition de longue date dans ce pays, même si elle n'est pas incontestée. Le système politique unique de la Suisse est aujourd'hui un des régimes démocratiques les plus stables du monde, et qui permet la plus grande participation possible des citoyens.

Les deux chambres du parlement national suisse (Assemblée fédérale) se réunissent plusieurs fois par an, pour des sessions qui durent normalement trois semaines. En Suisse, être député n'est pas un emploi à plein temps, contrairement à ce qui se produit dans la plupart des autres pays aujourd'hui. En général, un parlementaire continue à exercer son métier pour gagner sa vie : ainsi, les parlementaires sont considérés comme étant plus conscients des préoccupations de leurs électeurs.

La démocratie directe, exercée grâce à un système de référendums, donne au citoyen ordinaire un certain pouvoir de participation à la politique. Tout citoyen peut proposer d'apporter des modifications à la constitution s'il obtient un nombre donné de signatures de soutien (100 000 sur environ 3 500 000 électeurs). L'Assemblée fédérale étudie toutes les propositions et peut en formuler d'autres. Ensuite, tous les citoyens votent dans le cadre d'un référendum pour accepter la proposition initiale ou celle de l'Assemblée fédérale, ou pour laisser la constitution inchangée.

Situation géographique, ressources naturelles et conditions climatiques

La Suisse est un des pays les plus montagneux d'Europe. Plus de 70 % de sa superficie est recouverte par les Alpes, dans les régions du centre et du Sud, et par le Jura au Nord-ouest. Ces régions sont naturellement boisées, avec de nombreuses zones déboisées utilisées comme alpages. Entre ces deux chaînes de montagnes se trouve le *Plateau suisse* (*Mittelland*), un bassin qui s'étend à travers une grande partie du centre du pays. Le *Plateau* est une région qui recouvre 30 % de la superficie de la Suisse, avec une altitude moyenne d'environ 580 m au-dessus du niveau de la mer. Il comporte de nombreux lacs et rivières, ainsi que les sols les plus fertiles du pays. La plupart des grandes villes et environ les trois quarts de la population se trouvent dans cette région.

Les statistiques d'utilisation des sols distinguent quatre grandes catégories : surfaces d'habitat et d'infrastructure, surfaces agricoles, surfaces boisées, et surfaces improductives telles que lacs et cours d'eau, végétation improductive, surfaces sans végétation, glaciers et névés. Les surfaces d'habitat et d'infrastructure, qui représentent 8 % de la superficie, constituent la catégorie la moins importante, et les surfaces agricoles (alpages inclus), qui en représentent 36 %, sont la catégorie la plus importante. Les surfaces boisées et les surfaces improductives recouvrent respectivement 31 % et 25 % de la superficie du pays (graphique 2.1).

Graphique 2.1. **Suisse : occupation des sols 2004-09**

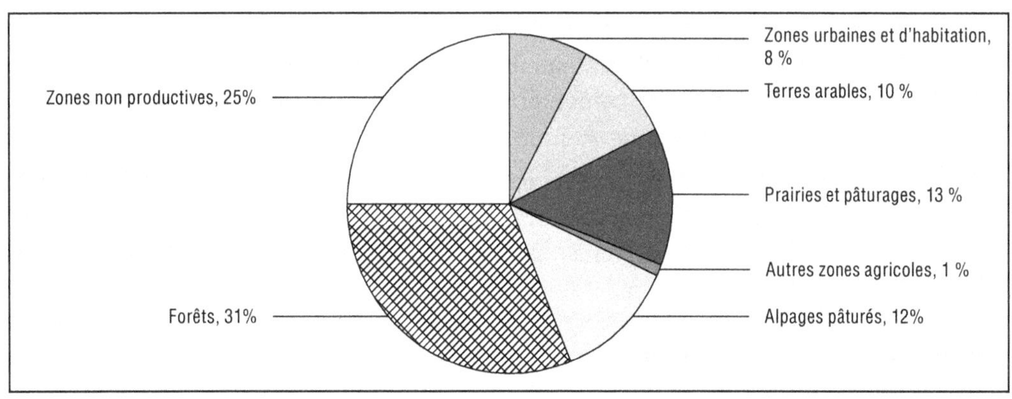

Source : Office fédéral de la statistique.

Avec une superficie totale de 14 817 km^2, les terres agricoles sont la plus importante (36 %) des quatre grandes catégories d'occupation des sols (Office fédéral de la statistique, 2013). En 2009, les prairies, les pâturages et les alpages représentaient les deux tiers de la superficie agricole, le tiers restant étant occupé par des terres arables et des cultures pérennes. En raison de la configuration géographique, la superficie agricole est répartie de façon inégale dans le pays. La proportion de terres agricoles dans la région centrale de plaine (49.5 %) et le Jura (43.4 %) est nettement supérieure à la moyenne nationale. En revanche, la proportion de la superficie consacrée à l'agriculture est relativement faible dans les Alpes occidentales (18.4 %) et sur le flanc sud des Alpes (12.7 %).

Entre 1985 et 2009, la superficie agricole totale s'est réduite de 5.4 % en conséquence de l'accroissement des surfaces d'habitat et d'infrastructure et des surfaces boisées. Globalement, plus de la moitié de la superficie agricole perdue a été réutilisée pour les surfaces d'habitat et d'infrastructure, le reste devenant des surfaces boisées et improductives. Les nouvelles surfaces boisées ont principalement remplacé les alpages abandonnés situés en haute altitude (Office fédéral de la statistique, 2013).

La Suisse est une des principales sources d'eau d'Europe centrale et ses fleuves se jettent dans quatre mers différentes. La plupart des cours d'eau du pays ne se prêtent pas à la navigation. Même le Rhin n'est pas adapté à la navigation commerciale en Suisse en amont de Bâle, juste à la frontière avec l'Allemagne. Les lacs jouent depuis longtemps un rôle important dans les transports en Suisse et de nombreuses villes sont situées en bordure d'un lac.

L'énergie hydroélectrique est aussi une des principales ressources naturelles de la Suisse. La principale source d'eau est le ruissellement résultant des précipitations annuelles qui sont considérables sur les Alpes. Un complément important est apporté par la fonte des centaines de glaciers que compte le pays. La Suisse exploite depuis longtemps l'énergie des chutes d'eau. Aujourd'hui, ce flot est capté par des centaines d'installations hydroélectriques qui produisent 59 % de l'électricité nationale.

La Suisse connaît un climat varié, en raison notamment des différences d'altitude et d'exposition au soleil et aux vents dominants. Sur le plateau et dans les basses vallées, le climat est surtout tempéré, avec une température annuelle moyenne d'environ 10° C. Durant les mois d'été, les températures à faible altitude peuvent dépasser 27° C, tandis que pendant les mois d'hiver la température est généralement inférieure à zéro. Les zones de montagnes sont significativement plus fraîches tout au long de l'année et les températures diminuent de 2° C environ chaque fois que l'on s'élève de 300 m. On trouve dans les Alpes de grands glaciers et des neiges éternelles recouvrent les plus hauts sommets. Les températures hivernales sont généralement au-dessous de zéro dans toute la Suisse, à l'exception de la rive nord du lac Léman et des rives des lacs partagés avec l'Italie, où le climat est doux comme dans l'Italie du nord.

En Suisse, les précipitations augmentent généralement avec l'altitude. Sur le Plateau suisse et dans les basses vallées, les précipitations annuelles sont d'environ 910 mm ; elles sont plus importantes dans les régions plus élevées. La plupart des précipitations ont lieu durant l'hiver, sous forme de neige.

Performance macroéconomique

La Suisse est une petite économie ouverte (comme l'indique la part des échanges dans le PIB) et son PIB par habitant est parmi les plus élevés. C'est une économie de marché développée, avec un environnement macroéconomique relativement stable. La croissance modérée du PIB s'accompagne de niveaux d'inflation et de chômage assez faibles (graphique 2.2). L'économie suisse est principalement orientée vers les services : la valeur

Graphique 2.2. **Suisse : principaux indicateurs macroéconomiques, 1990-2012**

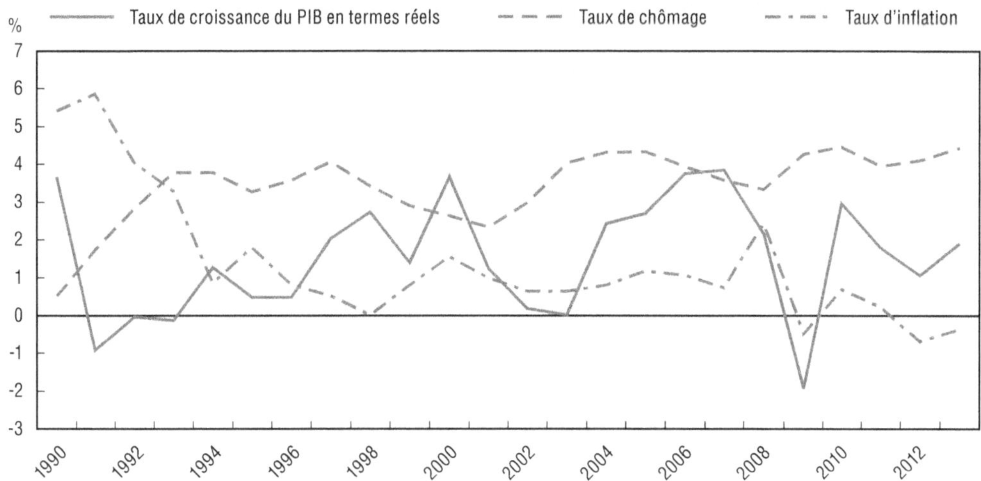

Source : OCDE, *Bases de données statistiques*, Comptes nationaux, Base de données analytiques (ADB), Statistiques de l'emploi, 2014.

ajoutée dans le secteur des services représente 71 % du PIB, le secteur industriel représente 28 % et le secteur primaire, agriculture comprise, autour de 1 %. Les principaux secteurs de services de la Suisse sont la finance et le tourisme.

La Suisse est l'un des rares pays d'Europe occidentale à avoir réussi à afficher un taux de croissance positif au cours des dernières années, principalement grâce à une demande intérieure vigoureuse. La hausse de la consommation des ménages a été portée par une forte immigration, par la confiance durable des consommateurs et par la hausse des salaires réels (OCDE, 2013a). La construction de logements est dopée par une démographie dynamique, couplée à des taux d'intérêt historiquement bas. En revanche, le taux de chômage a amorcé une lente recrudescence depuis la mi-2011. Du fait de la forte hausse de la population, qui s'est établie en moyenne aux alentours de 1 % par an ces dernières années, la croissance exprimée par habitant paraît moins impressionnante (OCDE, 2013a).

Depuis peu de temps, le principal problème économique est la forte appréciation du franc suisse, due à son statut de valeur refuge, qui menace de compromettre la compétitivité. En septembre 2011, la Banque nationale suisse (BNS) a décidé de contenir l'appréciation du franc suisse (CHF) en fixant un taux de change minimum de 1.20 CHF pour un euro et en s'engageant à acheter des devises étrangères de façon illimitée lorsque cela s'avère nécessaire (OMC, 2013).

Ces dernières années, les exportations sont relativement atones par rapport à ce qui a pu être observé dans le passé ; cela étant, l'excédent de la balance courante reste large, à 11 % du PIB, principalement grâce aux exportations de services financiers et aux revenus de placements (OCDE, 2013a). Depuis le début de la crise, la Suisse mène une politique monétaire de soutien, avec des taux d'intérêt proches de zéro depuis 2009. Par ailleurs, le taux de change minimum a contribué à limiter les chocs déflationnistes impossibles à contenir par une nouvelle baisse des taux d'intérêt. Néanmoins, la croissance du crédit a été plus rapide que celle du PIB (OCDE, 2013a).

Une des conséquences de la nouvelle règle budgétaire dite « règle de frein à l'endettement » appliquée par la Suisse depuis 2003 est que d'importants excédents budgétaires ont été enregistrés au niveau fédéral au cours des années 2006-08. Ces excédents ont permis la mise en œuvre de mesures économiques de stabilisation en 2009-10, principalement sous forme de dépenses de voirie, de réseau ferroviaire et autres investissements en infrastructures, et de mesures relatives au marché du travail, ainsi qu'un ensemble de mesures destinées à atténuer les effets d'un franc suisse fort sur l'économie en 2011-12.

La politique budgétaire est globalement neutre. Un léger excédent des administrations publiques et une croissance économique modeste devraient suffire à faire encore baisser la dette publique brute, qui s'établissait à 44 % du PIB en 2012. Les infrastructures publiques (qui se trouveront de plus en plus sous tension à moyen terme du fait de l'augmentation soutenue de la population et de la transition vers des énergies renouvelables), l'éducation et la recherche-développement sont autant de domaines dans lesquels il faudra sans doute développer les investissements de l'État. De plus, le budget devra s'ajuster à plusieurs pressions structurelles, notamment la hausse des dépenses au titre des soins médicaux, de l'invalidité et des retraites liée au vieillissement de la population, et le très large éventail de subventions existantes ou futures, notamment celles qui sont prévues dans la stratégie de lutte contre le changement climatique et de sortie progressive du nucléaire adoptée par le gouvernement. Malgré la faible progressivité du taux de l'impôt sur le revenu et la modestie des transferts aux ménages par rapport aux autres pays de l'OCDE, la redistribution des revenus en Suisse est relativement égalitaire, ce qui la place au dixième rang des pays de l'OCDE en la matière. Il s'ensuit une répartition des salaires relativement stable et des taux d'emploi très élevés (OCDE, 2013a).

Échanges commerciaux

La Suisse est une économie ouverte de taille relativement petite. Les échanges commerciaux en sont un moteur important, la part des échanges de biens et de services dépassant 100 % du PIB total. Étant donné son degré de dépendance vis-à-vis des échanges commerciaux, l'économie suisse reste exposée à l'évolution de la demande mondiale. En même temps, la Suisse reste un pays où les prix sont relativement élevés. C'est la conséquence d'un certain nombre de facteurs comme un franc suisse fort et des revenus relativement élevés, mais aussi une importante protection frontalière dans le domaine de l'agriculture, des obstacles techniques aux échanges, et une concurrence limitée dans certains secteurs (OMC, 2013).

La structure des tarifs NPF appliqués par l'Union douanière entre la Suisse et le Liechtenstein a peu évolué au cours de la période récente. Tous les tarifs douaniers de la Suisse sont spécifiques, c'est-à-dire exprimés sous forme d'une valeur donnée une quantité spécifique, par opposition aux taux ad valorem appliqués par la plupart des pays. Le taux moyen NPF simple est passé de 8.1 % en 2008 à 9.2 % en 2012, ce qui reflète en partie l'appréciation du franc suisse. La protection tarifaire varie substantiellement d'un secteur à un autre et à l'intérieur d'un secteur, atteignant en moyenne 31.9 % pour les produits agricoles et 2.3 % pour les marchandises non agricoles selon les définitions de l'OMC (OMC, 2013). La franchise de droits NPF s'applique à presque 20 % de l'ensemble des lignes tarifaires, principalement à des produits qui ne sont pas produits localement : poisson, carburants, certains produits chimiques, métaux de base, etc. Les accords préférentiels conclus par la Suisse prévoient le libre-échange de la plupart des produits non agricoles, soumis à la présentation de certificats d'origine. Pour les produits agricoles, un accès préférentiel est assuré principalement par le biais de contingents tarifaires bilatéraux. Les pays les moins avancés bénéficient de préférences tarifaires importantes et renforcées : tous les produits agricoles et non agricoles sont en franchise de droits et non contingentés. Les règles d'origine du SPG ont été harmonisées avec celles de l'UE en 2011 (OMC, 2013).

Concernant la structure par produit des échanges commerciaux, les principales importations en 2008-11 ont été les machines et matériels de transport (environ 27 % du total des importations), les produits chimiques (21 %), les produits miniers (12 %) et les produits de l'industrie automobile (7 %). Les produits agroalimentaires ont représenté environ 7 % des importations totales et ont consisté essentiellement en produits transformés. La structure des exportations sur la même période est dominée par les produits chimiques (38 %), les machines et matériels de transport (21 %) et les autres machines non électriques (11 %). Les produits agroalimentaires ont représenté environ 4 % du total des exportations suisses (lesquelles étaient dominées, là encore, par les produits transformés). Concernant la structure territoriale, le commerce extérieur de la Suisse est étroitement lié au marché européen, en particulier l'UE, qui représente près de 80 % de ses importations et environ 60 % de ses exportations. L'Allemagne est le plus important pays d'origine des importations (elle représente 33 % des importations de la Suisse) et la plus importante destination des exportations (20 % des exportations suisses) au sein de l'UE. Les autres destinations relativement importantes des biens et services exportés par la Suisse sont les États-Unis (10 %), la Chine (4 %) et Hong Kong, Chine (3 %) (OMC, 2013).

Situation de l'agriculture

L'agriculture et le secteur agroalimentaire dans l'économie

Le rôle de l'agriculture primaire dans l'économie suisse est mineur et sa part dans l'économie se rétrécit en raison du développement dynamique des autres secteurs. La part de la valeur ajoutée brute de l'agriculture dans le PIB national est passée de 2.3 % en 1990 à 0.7 % en 2012. La part de l'emploi agricole dans l'emploi total a aussi diminué sur cette période, passant d'environ 4.4 % en 1990 à 3.5 % en 2012. Le niveau d'emploi élevé dans l'agriculture par rapport à la contribution de ce secteur au PIB indique un niveau relativement faible de productivité du travail par rapport aux autres secteurs de l'économie, plus particulièrement au secteur des services (graphique 2.3)

Graphique 2.3. **Suisse : l'agriculture dans l'économie**

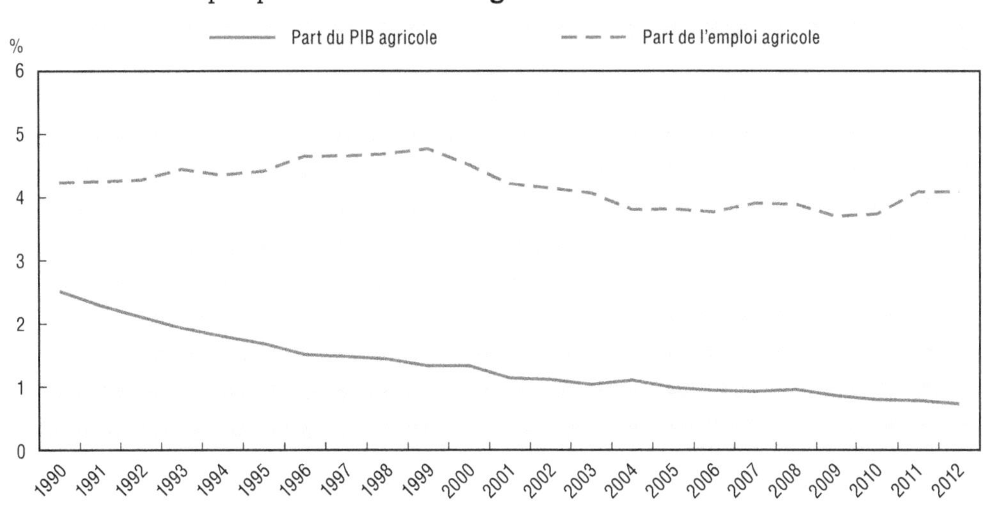

Source : OCDE, *Profils statistiques nationaux*, 2014 pour la Valeur ajoutée agricole; Statistiques de l'emploi par activité.

Globalement, la Suisse est depuis longtemps importatrice nette de produits agroalimentaires (graphique 2.4). Le secteur agricole suisse produit environ 60 % de la consommation intérieure totale en calories (plus proche de 50 % si l'on prend en compte les aliments pour bétail importés).

Graphique 2.4. **Suisse : commerce agro-alimentaire, 1990-2012**

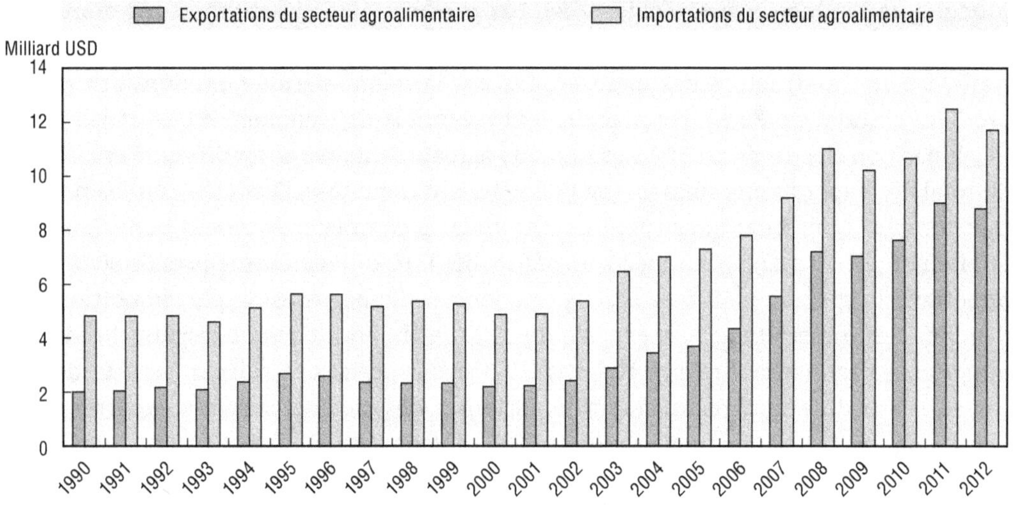

Exportations du secteur agroalimentaire
Importations du secteur agroalimentaire
Milliard USD

Source : OCDE, *Base de données des statistiques du commerce international par produit* (ITCS), 2014.

De façon similaire, la part des échanges de produits agroalimentaires dans le total des échanges est relativement faible. Les exportations agroalimentaires représentaient environ 3 % des exportations totales en 1990 et environ 4 % en 2012. La part des importations de produits agroalimentaires dans le total est passée d'environ 7 % en 1990 à environ 6 % en 2012 (graphique 2.5). Dans les importations comme dans les exportations, les échanges de produits agroalimentaires sont dominés par les produits alimentaires transformés, tandis que les produits agricoles jouent un rôle mineur. Pour plus de détails concernant le

Graphique 2.5. **Suisse : part du commerce agroalimentaire dans le total des échanges, 1990-2012**

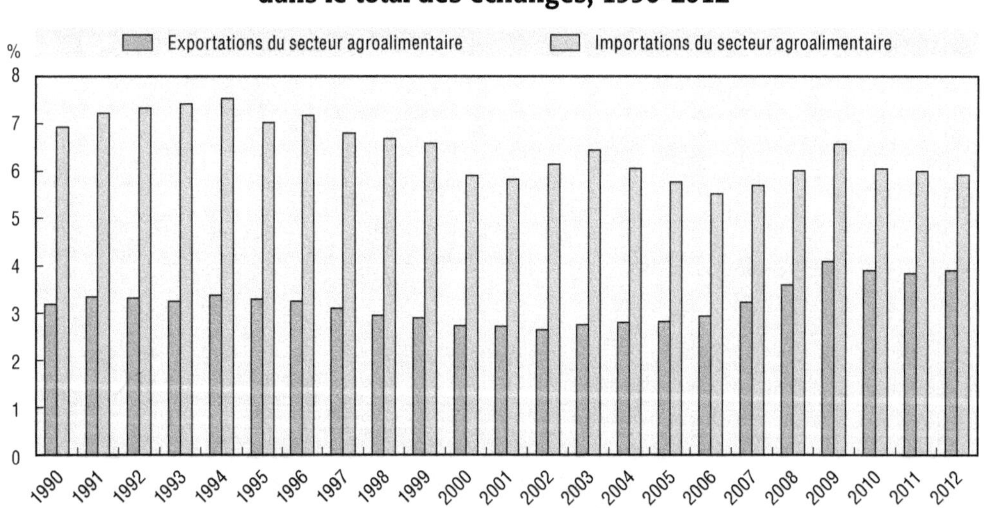

Source : OCDE, *Base de données des statistiques du commerce international par produit* (ITCS), 2014.

commerce agroalimentaire de la Suisse, on consultera le chapitre 5 de cette étude, qui examine la compétitivité de l'industrie agroalimentaire suisse.

Structure des exploitations agricoles

Le secteur agricole suisse est constitué principalement d'exploitations familiales relativement petites. Au cours des dernières décennies, l'agriculture suisse a connu une évolution structurelle similaire à celle des autres pays d'Europe occidentale, c'est-à-dire une croissance modérée mais continue de la taille des exploitations et une réduction de la main-d'œuvre agricole. Malgré une quasi-absence de changement au niveau de la production agricole, l'importance relative de l'agriculture dans l'économie nationale est en diminution (voir ci-dessus).

Sur la période 2000-12, le nombre d'exploitations est passé de 70 537 à 56 575, soit une réduction de 1.8 % par an. Le rythme de cette réduction a été légèrement plus rapide dans les zones de plaine et de montagnes que dans les zones de collines. La taille moyenne des exploitations est passée de 15.2 à 18.3 hectares. La plus forte réduction du nombre d'exploitations a concerné les exploitations comprises entre 3 et 10 hectares et entre 10 et 20 hectares. En revanche, le nombre d'exploitations de plus de 20 hectares a augmenté (graphique 2.6).

Graphique 2.6. **Part de la superficie agricole par catégorie de taille d'exploitation, 1996-2012**

En pourcentages (TAA = 100 %)

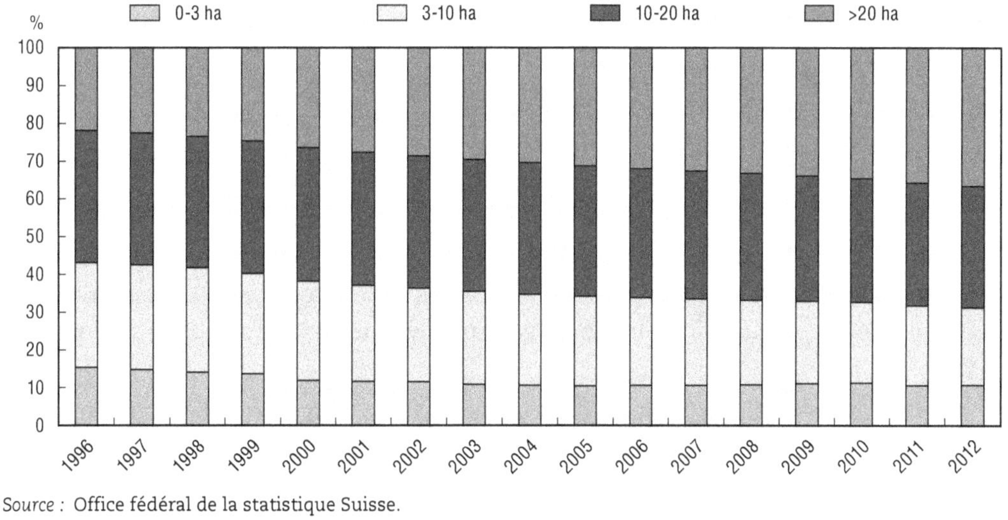

Source : Office fédéral de la statistique Suisse.

Dans les plaines, les exploitations agricoles produisent principalement des cultures arables (céréales, oléagineux, maïs d'ensilage, betterave à sucre et pomme de terre) ; la viande porcine et la volaille aussi sont principalement produites dans les plaines. Les zones de collines et de montagnes étant dominées par les pâturages et les alpages, la production des exploitations qui y sont situées provient essentiellement des ruminants (production de lait, de viande bovine, et dans une moindre mesure, production d'ovins et de caprins).

Emploi agricole

Comme dans les autres pays développés, l'utilisation de la main-d'œuvre dans l'agriculture en Suisse a diminué au cours de ces dernières décennies, parallèlement à la restructuration des exploitations et à la progression de la productivité du travail. Sur la période 1990-2012, la main-d'œuvre totale dans l'agriculture est passée de 253 000 à 162 000 (-36 %). Cette réduction a été plus accentuée pour la main-d'œuvre familiale, qui a chuté de 40 %, tandis que la main-d'œuvre non familiale (salariée) s'est réduite de 14 % sur la période 1990-2102. La réduction de la main-d'œuvre agricole a aussi été plus prononcée chez les agriculteurs à plein temps (-43 %) que chez les agriculteurs à temps partiel (-29 %). Le nombre de travailleurs étrangers dans l'agriculture est resté assez stable et sa part dans la main-d'œuvre agricole totale est passée de 5.6 % en 1990 à 9 % en 2012 (graphique 2.7).

Graphique 2.7. **Suisse : structure de la main-d'œuvre dans l'agriculture (effectifs)**

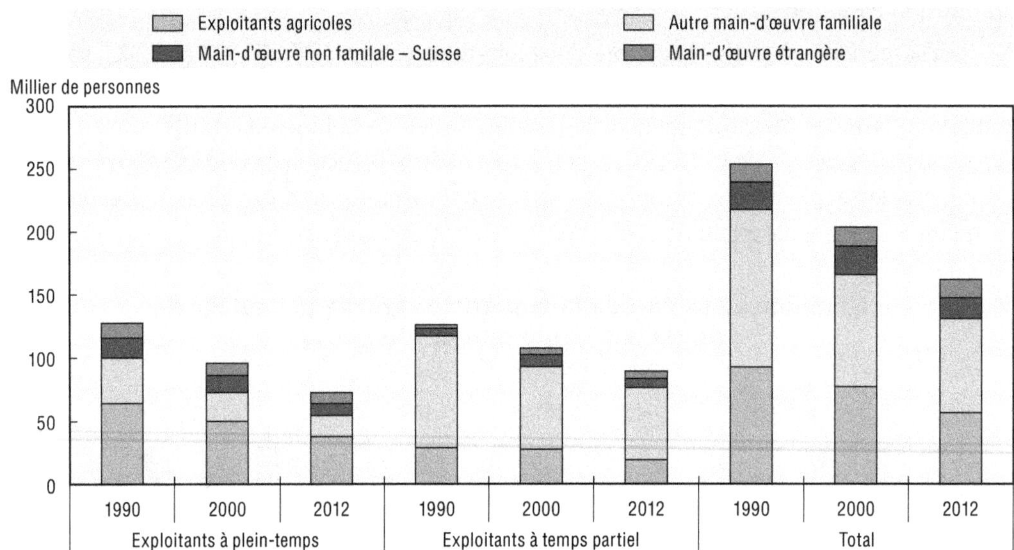

Source : Office fédéral de la statistique Suisse.

L'emploi dans l'agriculture s'est réduit de 38 % entre 1990 et 2012, de 127 000 à 79 000 travailleurs en équivalent temps plein. Cette réduction correspond dans une large mesure à une diminution similaire de la main-d'œuvre de 40 % dans l'UE15 sur la même période.

La proportion hommes/femmes dans la main-d'œuvre des exploitations agricoles a été à peu près constante au cours des deux dernières décennies. En 2012, les hommes représentaient 63 % de la main-d'œuvre agricole totale, les femmes 37 % (graphique 2.8). Cette situation est similaire à celle de 1990 (64 % et 36 %, respectivement). Cependant, la disparité entre les sexes est plus prononcée encore si l'on s'intéresse à certains types d'emplois agricoles. En 2012, 95 % des exploitants agricoles étaient des hommes, malgré une légère augmentation du nombre de femmes exploitantes.

Production agricole

Il n'y a pas eu de changement important dans le volume global de la production agricole brute (PAB) au cours de la période 1990-2012. La production agricole totale était en baisse de 4 % en 2012 par rapport à 1990. Des changements structurels ont cependant été observés dans le volume de la production agricole : la production végétale a diminué de 9 %, tandis que la production animale est restée proche de son niveau de 1990 (graphique 2.9).

Graphique 2.8. **Suisse : proportion hommes/femmes dans la main-d'œuvre agricole (%)**

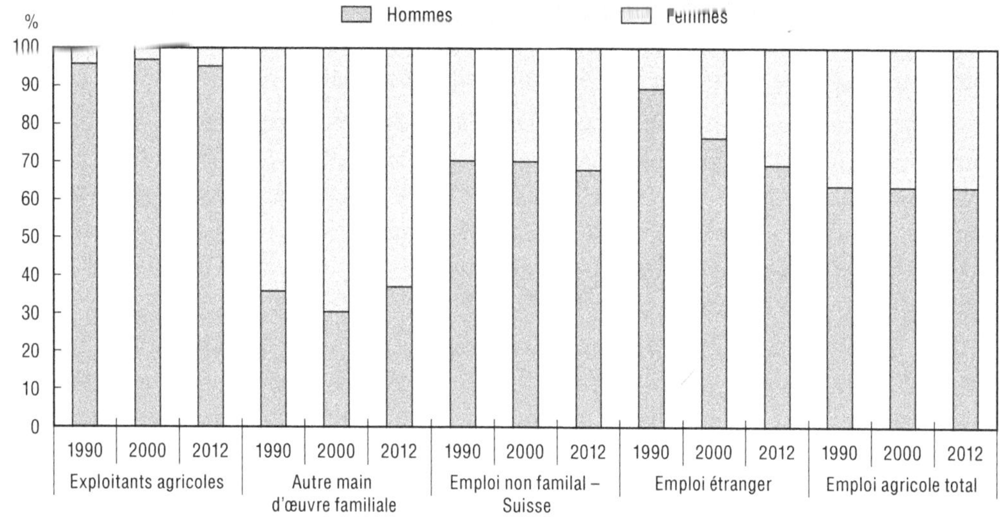

Hommes
Femmes
1990 | 2000 | 2012 — Exploitants agricoles
1990 | 2000 | 2012 — Autre main d'œuvre familiale
1990 | 2000 | 2012 — Emploi non familial – Suisse
1990 | 2000 | 2012 — Emploi étranger
1990 | 2000 | 2012 — Emploi agricole total

Source : Office fédéral de la statistique Suisse.

Graphique 2.9. **Suisse : production agricole brute, 1990-2012**

1990 = 100

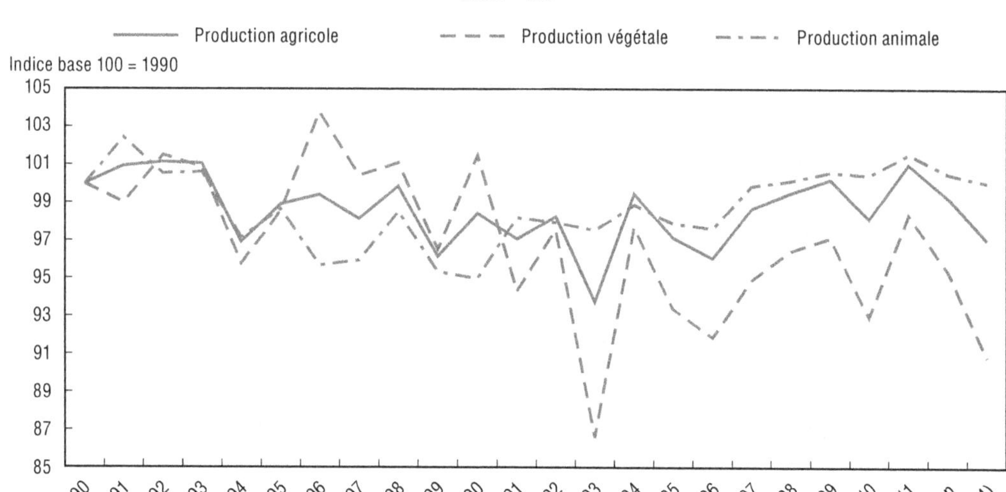

Source : Office fédéral de la statistique.

Le graphique 2.9 reflète les changements intervenus dans la production physique (en prix constants 1990), mais les variations de la valeur de la production (en prix réels) ont aussi été affectées par une baisse marquée des prix, sur le marché intérieur, des produits végétaux (céréales, oléagineux) et de certains produits animaux. L'évolution des volumes et des prix a eu pour conséquence d'importantes variations de la structure de la valeur de la production. En 2012, les produits végétaux représentaient environ la moitié de la valeur de la production agricole totale. Le secteur des cultures est dominé par les fruits, les légumes et les plantes fourragères. Les légumes et l'horticulture représentent 16 % de la production agricole totale, les plantes fourragères 12 %, les fruits et la viticulture 11 %. Les principales cultures arables dont se compose la production agricole de certains autres pays de l'OCDE représentent une part bien moindre de la production agricole totale en Suisse : les céréales représentent 4 %, les betteraves à sucre 2 % et les oléagineux 1 %. Les produits animaux les plus importants sont ceux de l'élevage bovin : le lait représente 23 % de la production agricole totale et la viande bovine 14 %. Les autres filières représentent une part moins importante (la viande porcine 9 %, la volaille et les œufs 5 %).

Entre 1990 et 2012, des changements structurels ont été observés dans la valeur de la production agricole. L'évolution la plus dynamique a concerné les légumes et l'horticulture, dont la part dans la production agricole totale, de 9 % en 1990, a atteint 16 % en 2012. En revanche, la part des céréales a chuté de 9 % à 4 %. Dans le secteur de l'élevage, les parts ont été relativement stables, à l'exception de la production de volailles dont la part dans la production agricole totale est passée de 1 % à 3 %.

Dans le secteur des cultures, la plus grande diminution a été celle de la part des pommes de terre (66 % de la production en 1990) et de la part des céréales (qui a diminué de 29 %), tandis que la production d'oléagineux et la production de betteraves à sucre ont augmenté respectivement de 55 % et de 37 % au cours de la même période. La production de plantes fourragères s'est maintenue à peu près au même niveau qu'en 1990. Le volume de la production de légumes a augmenté de 29 % tandis que le volume de la production de fruits a chuté de 18 %.

Si la production totale de produits animaux est restée constante, elle a cependant connu des changements structurels. La production de viande de volaille a plus que doublé, et la production d'œufs s'est accrue de 21 %. D'autres secteurs ont connu une croissance plus modérée : la production d'ovins a augmenté de 6 % et la production laitière de 3 %. La production de viande bovine et la production de viande porcine ont diminué, respectivement de 12 % et 5 %.

Productivité de l'agriculture

La Suisse dispose de relativement peu de terres arables. La superficie agricole utilisée (SAU) par habitant était de 0.134 hectare en 2011 (soit 10 % de moins qu'en 2000), et la superficie de terre arable était de 0.034 ha/habitant (en baisse de 16 %). Cependant, la production intensive étant perçue comme une nuisance pour l'environnement, les mesures de politique agricole soutiennent souvent les pratiques agricoles extensives. L'agriculture biologique représente plus de 10 % de la superficie agricole. Le taux d'utilisation des engrais chimiques, en déclin, est relativement faible comparé à celui de l'UE (pour plus de détails, consulter la partie suivante de ce chapitre).

Les rendements des principales cultures sont relativement faibles par comparaison avec les pays de l'UE. Entre 1995 et 2012, les rendements des céréales et des oléagineux ont été relativement stables, ou ont même diminué pour certaines variétés. Les rendements des cultures de pommes de terre et de betterave sucrière se sont accrus, encore que les pommes de terre soient produites sur une superficie plus réduite. Dans la production laitière, un secteur clé de l'agriculture suisse, les rendements ont augmenté et ont compensé la réduction du nombre de vaches laitières.

La productivité des terrains est restée stable au cours des deux dernières décennies. La production agricole brute par hectare de terrain agricole a oscillé autour de 10 000 CHF (graphique 2.10). Le ratio main-d'œuvre/superficie agricole, de 10 unités de travail-année (UTA) pour 100 hectares en 1997, a chuté à 7.5 UTA/100 hectares en 2012. La production agricole brute par unité de travail a fortement augmenté depuis 1991, mais elle demeure relativement stable depuis 2007 (graphique 2.10).

Graphique 2.10. **Suisse : productivité des terrains et du travail, 1997-2012**

PAB en CHF par ha de SAU et par UTA

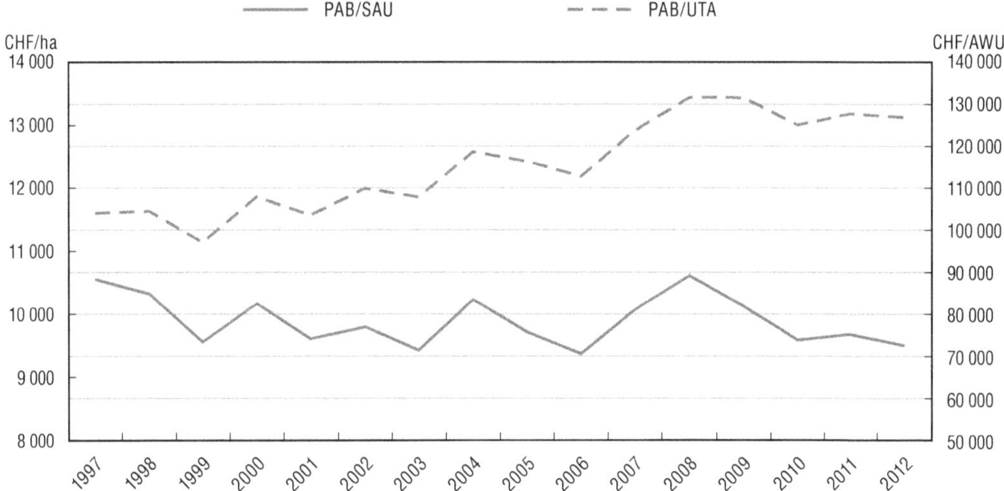

PAB/SAU : Production agricole brute en prix constants par hectare de superficie agricole utilisée (hors alpages).
PAB/UTA : Production agricole brute en prix constants par unité de travail annuelle.
Source : Calculs d'après les données de l'Office fédéral de statistique

La valeur de la production agricole provenant de chaque unité de travail a nettement chuté au cours des deux dernières décennies. La valeur ajoutée de l'agriculture aux prix réels du marché par unité de travail a diminué, passant d'environ 30 000 CHF/UTA en 1991 à 20 000 CHF/UTA en 2012. Cette tendance à la baisse reflète la réduction des prix intérieurs payés aux producteurs. En revanche, le revenu agricole au coût des facteurs par UTA a augmenté sur la même période, en raison de l'importance accrue des paiements directs dans les revenus agricoles (de 39 000 CHF en 1991 à 55 000 CHF en 2012) (graphique 2.11).

Graphique 2.11. **Suisse : indicateurs de productivité du travail, 1997-2012**

Valeur ajoutée et revenu agricole en CHF par UTA

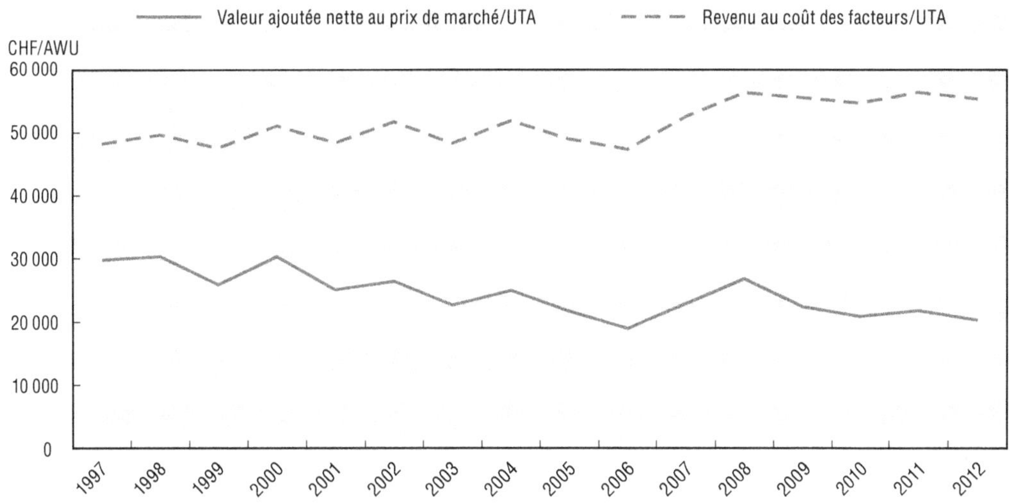

Source : Calculs d'après les données de l'Office fédéral de statistique.

Consommation alimentaire

Les prix des aliments à la consommation en Suisse sont relativement élevés par rapport aux autres pays d'Europe. En moyenne, en 2011, les prix des aliments et des boissons non alcoolisées ont été de 53 % plus élevés que dans l'UE27. Les prix des autres biens et services sont élevés aussi. Les prix du logement et de l'énergie, par exemple, représentent plus du double des prix de l'UE27. Malgré ce niveau élevé des prix, les ménages suisses consacrent proportionnellement moins de dépenses à la nourriture et aux boissons non alcoolisées que les ménages de l'UE. Les aliments et les boissons, à l'exclusion des repas au restaurant, représentent environ 7 % des dépenses des ménages suisses contre 10 % au début des années 1990. Ce niveau de dépense est comparable à celui de l'Allemagne.

Performance environnementale de l'agriculture suisse

Évolution d'une sélection d'indicateurs agroenvironnementaux de l'OCDE 1990-2010

L'agriculture joue un rôle clé dans la stratégie nationale de développement durable. Les principaux défis environnementaux auxquels l'agriculture est confrontée ont été identifiés en 2002 par le gouvernement fédéral, qui a établi un certain nombre d'objectifs agroenvironnementaux intermédiaires pour 2005. Prenant comme référence la période 1990-92, ces objectifs incluaient une réduction de 23 % des excédents d'azote, une réduction de 50 % des excédents de phosphore, une réduction de 32 % de l'utilisation des pesticides, une baisse de 9 % des rejets d'ammoniac et la conversion de 10 % des terres agricoles en zones de compensation écologique. En outre, il était prévu de cultiver 98 % des terres agricoles de façon écologique ou en conformité avec les normes de l'agriculture biologique et 90 % de l'eau potable dans les zones agricoles devaient désormais avoir une teneur en nitrates inférieure à 40mg/l (Badertscher, 2005 ; OFAG, 2004 ; Herzog et Richner, 2005 ; Flury, 2005).

Pratiquement tous ces objectifs agroenvironnementaux ont été atteints, à l'exception des excédents d'azote dont la réduction est restée inférieure à la cible (tableau 2.1). Entre 1990-92 et 2006-08, l'utilisation d'engrais chimiques a diminué de 21 % pour les engrais

Tableau 2.1. **Objectifs quantitatifs de la politique agroenvironnementale en Suisse**

	Référence	Objectif 2005	Objectif réalisé
Bilan azote	96 000 tonnes (1994)	74 000 tonnes (23 % de réduction)	18% de réduction en 2005
Bilan phosphore	20 000 tonnes (1992-94)	10 000 tonnes (50 % de réduction)	Une réduction de 65 % en 2002, mais une réduction de 10 à 30 % seulement de la pollution des eaux au phosphore
Pesticides	2 200 tonnes d'ingrédients actifs (1990-92)	1 500 tonnes (32 % de réduction)	
Ammoniac	57 300 tonnes (1990)	52 143 tonnes (9 % de réduction)	48 300 tonnes (16 % de réduction) en 2010
Biodiversité	Superficie agricole 1.08 million ha	10 % de la superficie agricole totale pour la compensation écologique dont 65 000 ha dans la zone de vallées	64 505 ha de compensation écologique dans la zone de vallées en 2012
Nitrates		90 % des captages agricoles au-dessous de 40mg/litre	Objectif atteint en 2002/03
Superficie agicole	Superficie agricole 1.08 million ha	98 % de la superficie soumise à la prestation écologique requise (PER) ou aux normes de l'agriculture biologique	97.8 % en 2005

Source : Schader, 2009 ; Herzog et al., 2008 ; OFAG, 2012 et Kupper et al., 2013.

azotés et de 59 % pour les engrais à base de phosphore, et la quantité de pesticides utilisés a diminué de près de 14 %, si ce n'est qu'elle a augmenté à nouveau depuis. Ces importants progrès vers la durabilité agroenvironnementale ont cependant nécessité des compromis. Au cours de la même période, la consommation directe d'énergie des exploitations agricoles a augmenté de 46 % (OCDE, 2013b).

Les excédents agricoles d'éléments nutritifs ont diminué de 17 % pour l'azote et de 72 % pour le phosphore sur la période comprise entre 1990-92 et 2006-08. L'excédent d'azote par hectare de terres agricoles (68 kg/ha) est légèrement supérieur aux moyennes de l'OCDE et de l'UE15, tandis que l'excédent de phosphore (3 kg/ha) est considérablement inférieur à la moyenne de l'OCDE et égal à la moyenne de l'UE15 (2006-08) (tableau 2.2).

Tableau 2.2. **Bilans azote et phosphore en Suisse, 1990-2009**

	Moyenne (en milliers de tonnes ou en kg/ha)			Variation annuelle moyenne en %	
	1990-92	1998-2000	2006-08	1990-92 à 1998-2000	1998-2000 à 2006-08
Bilan azote en kilotonnes	122	99	102	-2.6	0.3
Bilan azote en kg par ha de terres agricoles	80	65	68	-2.4	0.5
Bilan phosphore en kilotonnes	17	6	5	-13.1	-1.7
Bilan phosphore en kg/ha de terres agricoles	11	4	3	-12.2	-2.3

Source : OCDE (2013), *Compendium des indicateurs agro-environnementaux de l'OCDE.*

La réduction des excédents d'éléments nutritifs s'explique en grande partie par une utilisation plus réduite des engrais, et plus particulièrement des engrais chimiques (graphiques 2.12 et 2.13). C'est notamment le cas avec les engrais au phosphore, et dans une moindre mesure, avec l'utilisation accrue d'aliments pour bétail contenant moins de phosphore (OFAG 2002). Les volumes d'éléments nutritifs des effluents d'élevage ont diminué de 4 % pour l'azote et de 7 % pour le phosphore. Enfin, l'absorption d'éléments nutritifs par les cultures n'a que faiblement diminué au cours de cette période.

Graphique 2.12. **Bilan azote en Suisse depuis 1990**

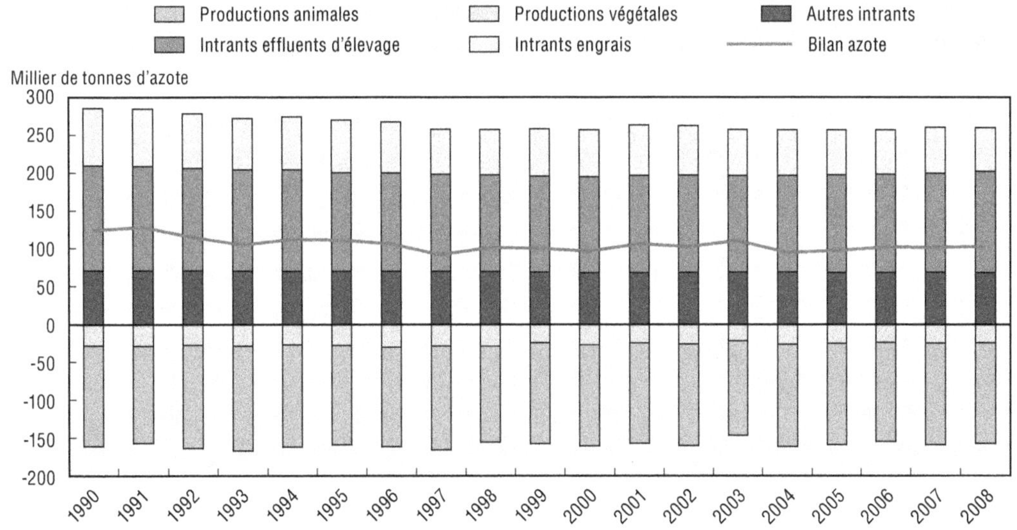

Source : OCDE (2013), *Compendium des indicateurs agro-environnementaux de l'OCDE.*

Graphique 2.13. **Bilan phosphore en Suisse depuis 1990**

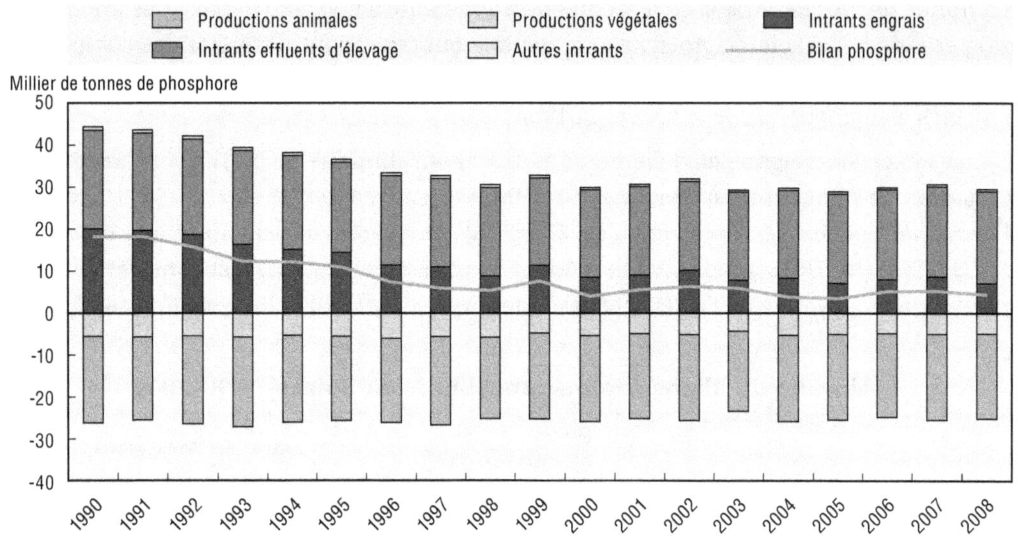

Source : OCDE (2013), *Compendium des indicateurs agro-environnementaux de l'OCDE.*

La diminution des excédents d'éléments nutritifs s'est produite principalement dans les années 90. La baisse de 18 % des excédents d'azote s'est produite surtout au cours de la période comprise entre 1990-92 et 1997-99. La diminution de l'excédent d'azote résulte surtout de la réduction de l'utilisation des engrais minéraux et des effluents d'élevage. Depuis, l'excédent d'azote s'est accru de 4 % entre 2000-02 et 2006-08, ce qui est largement imputable à une hausse des apports d'azote provenant des effluents d'élevage. L'excédent de phosphore a diminué de 65 % entre 1990-92 et 1997-99 et de 17 % entre 2000-02 et 2006-08. La réduction de l'excédent de phosphore est imputable à une diminution significative et continue de l'utilisation des engrais phosphorés. L'introduction des paiements directs écologiques et de l'éco-conditionnalité (prestations écologiques requises, PER) et les exigences connexes en matière d'utilisation équilibrée des éléments nutritifs ont contribué à la baisse des excédents de nutriments, surtout au cours des premières années qui ont suivi leur mise en application, jusqu'à ce que la plupart des exploitations aient adhéré à ces programmes.

Les exploitations agricoles suisses ont obtenu de meilleurs résultats avec les nutriments qu'elles utilisent. L'efficience de l'utilisation des engrais azotés est passée de 57 % à 61 % au cours de la période comprise entre 1990-92 et 2006-08, tandis que l'efficience du phosphore est passée de 61 % à 84 %. Ceci reflète la réduction de 59 % de l'utilisation des engrais chimiques phosphorés alors que l'absorption du phosphore par les cultures s'est réduite de 12 %. Par ailleurs, la plupart des exploitations et des terres agricoles ont été soumises à un plan de gestion des nutriments et 90 % des exploitations ont procédé à des analyses des teneurs en éléments nutritifs des sols entre 2000 et 2003 (OFAG, 2005). En outre, la capacité de stockage des effluents d'élevage s'est accrue de plus de 50 % entre 1990 et 2003 (OFS, 2005).

Malgré la réduction des excédents d'éléments nutritifs, la pollution des eaux par les nutriments issus de l'agriculture est persistante dans les zones de cultures (Office fédéral de l'environnement, des forêts et du paysage, 2002 ; Badertscher, 2005 ; Herzog et Richner, 2005). L'agriculture est responsable d'environ 40 % des nitrates et de plus de 20 % du phosphore contenus dans les eaux de surface. Concernant les nitrates présents dans les eaux souterraines, ils proviennent à 75 % de l'agriculture (Office fédéral de l'environnement, des forêts et du paysage, 2002). Les concentrations de nitrates dans les eaux souterraines aux points de surveillance dans les zones agricoles, voisines de 20 mg/l au milieu des années 1990, n'étaient plus que de 18 mg/l en 2003. Plus de 10 % des points de surveillance (zones à risque) dans les zones cultivées présentent des teneurs en nitrates supérieures à 40 mg/l (OFS, 2005). Environ 3 % des points de surveillance situés dans les zones agricoles présentent des teneurs supérieures aux normes concernant l'eau potable, bien que cette part soit faible par comparaison avec un certain nombre d'autres pays de l'OCDE. Dans les zones agricoles, la proportion de points de surveillance en lesquels les teneurs limites en nitrates recommandées pour l'eau potable étaient dépassées dans les eaux souterraines est de 5 %.

Concernant l'utilisation des pesticides, la situation au cours des deux décennies étudiées a été plus contrastée. Les quantités de pesticides vendues entre 1990 et 1999 ont diminué de 33 %, mais elles ont augmenté de 41 % entre 2000 et 2010. Cependant, en raison d'une rupture dans les séries chronologiques, ces deux périodes ne sont pas comparables. En 2009, environ 62 % des sites de surveillance des eaux souterraines dans les zones agricoles ont révélé la présence d'un ou plusieurs pesticides. En 2010, dans les zones cultivées, 10 % des sites de surveillance des eaux souterraines présentaient des concentrations de pesticides supérieures aux normes admises pour l'eau potable.

Malgré une réduction substantielle de 16 % des rejets d'ammoniac provenant de l'agriculture entre 1990 et 2010, l'agriculture reste responsable de pas moins de 92 % du total des rejets d'ammoniac. La réduction des rejets d'ammoniac, variable selon les régions, résulte pour une bonne part des progrès réalisés dans le stockage des effluents d'élevage et dans l'utilisation de ces effluents. L'objectif d'AP14-17 est de réduire les rejets d'ammoniac à 41 000 tonnes par an à moyen terme, et à 25 000 tonnes par an à long terme. Dans le cadre du *protocole de Göteborg*, la Suisse a accepté de limiter le total des rejets d'ammoniac à 63 000 tonnes en 2010 et cet objectif a été atteint en 2009-10, avec un rejet total de 62 500 tonnes.

Les émissions de gaz à effet de serre (GES) provenant de l'agriculture, constituant 11 % des GES au niveau national (2008-10), ont diminué de 7 % entre 1990-92 et 2008-10 (graphique 2.14) ; les émissions de méthane (CH_4) représentent 56 % des émissions totales d'équivalent CO_2 ; la proportion de protoxyde d'azote (N_2O) était de 44 % en 2010.

La réduction des émissions de GES dans l'agriculture aura eu pour contrepartie une forte augmentation de la consommation d'énergie. La consommation directe d'énergie dans les exploitations s'est accrue de 45 % entre 1990 et 2010, tout en ne représentant que 1.3 % de la consommation totale d'énergie au niveau national au cours de cette dernière période. La consommation directe est constituée notamment de la consommation de carburants et d'électricité par l'agriculture, tandis que la consommation indirecte inclut l'énergie consommée pour fabriquer des intrants comme les engrais et les machines. Concernant la consommation directe d'énergie, la consommation de carburants a augmenté plus fortement que la consommation électrique. Concernant la consommation indirecte, il a été observé une augmentation de la consommation d'énergie liée à la fabrication des machines et du fourrage importé, tandis que la consommation d'énergie liée aux engrais a chuté (OFAG, 2011).

La croissance des surfaces de compensation écologique a atténué la pression de l'agriculture sur la biodiversité. La diversité des variétés cultivées et des races d'animaux

Graphique 2.14. **Évolution des principaux indicateurs agroenvironnementaux en Suisse, 1990-2010**

Indice 1990 = 100

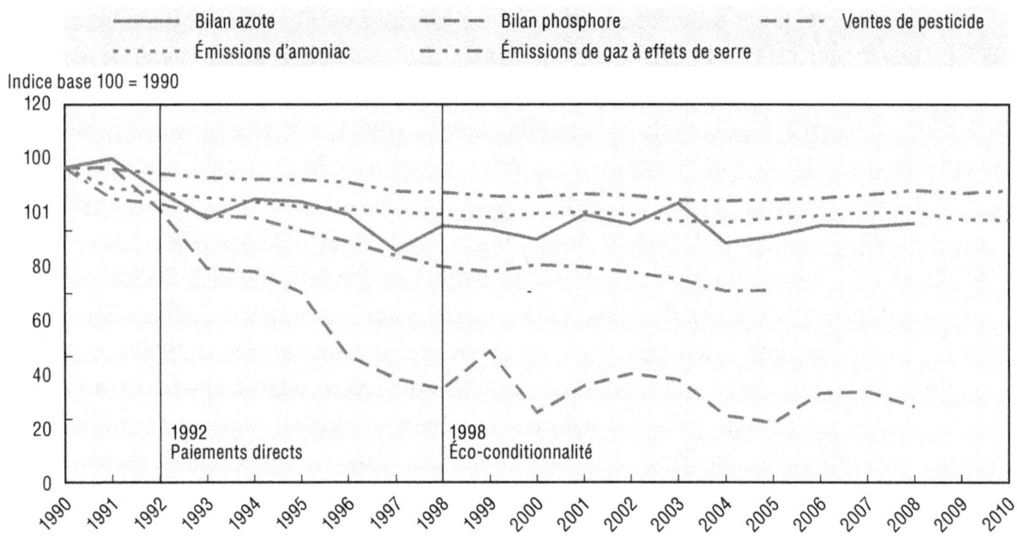

Source : OCDE (2013), *Compendium des indicateurs agro-environnementaux de l'OCDE.*

utilisées dans la production agricole s'est accrue au cours de la période comprise entre 1990 et 2002 (OFAG, 2005). Il existe aussi des programmes pour la conservation des cultures et du bétail *in situ* et d'importantes collections de banques de gènes *ex situ*, et toutes les races indigènes de bétail menacées sont incluses dans les programmes de conservation. Les terres cultivées servent d'habitat principal à une grande partie de la flore et de la faune du pays, notamment aux mammifères (75 %) et aux invertébrés (55 % des papillons, 40 % des sauterelles), ce chiffre étant cependant nettement moins élevé pour les oiseaux (22 %). Toutefois, 50 % des espèces d'oiseaux qui peuplent les zones cultivées sont menacées.

La superficie d'habitats semi-naturels relevant de la compensation écologique a progressé de 2 % à 13 % des terres agricoles entre 1993 et 2012. Plus de 85 % des surfaces de compensation écologique (SCE) sont des pâturages extensifs à faible intensité, et environ 50 % des SCE sont situées à basse altitude (OFAG 2005 ; Badertscher 2005). Les études d'évaluation indiquent des résultats mitigés concernant l'impact des SCE sur la flore et sur la faune (Knop et al., 2006 ; Herzog et al., 2005). Il semble que les SCE aient accru la biodiversité, contrairement aux terres cultivées de façon intensive, mais d'importantes variations sont observées entre les différents types de SCE (Knop et al., 2006 ; Herzog et al., 2005). Il y a davantage de richesse et d'abondance des espèces dans les SCE constituées de surfaces à litière et de haies que dans celle constituées de prairies de fauche et de vergers traditionnels. Cela reflète l'impact des pratiques intensives (Herzog et al., 2005). La qualité écologique des SCE est significativement meilleure en montagne qu'à basse altitude (Herzog et Richner, 2005 ; Flury, 2005 ; Herzog et al., 2005).

La conversion des terres cultivées pour d'autres utilisations a eu des effets pervers sur les écosystèmes et sur les paysages culturels. La fragmentation des terrains agricoles résultant du développement des zones urbaines et des transports, la conversion des terres cultivées pour une destination plutôt urbaine et l'abandon des terrains agricoles dans les zones marginales ont eu une incidence négative sur les écosystèmes agricoles et sur les paysages culturels (OFS, 2005). On assiste cependant, sur les terres agricoles, à une progression au niveau de certains éléments linéaires du paysage comme les haies et les murs en pierres sèches. Les SCE auraient aussi atténué les effets de la fragmentation de l'habitat agricole en servant à relier les sites d'habitat (Badertscher, 2005).

En conclusion, les surfaces affectées à des programmes agroenvironnementaux se sont étendues et la plupart des objectifs environnementaux pour l'agriculture ont été atteints. Depuis l'augmentation des investissements dans les mesures agroenvironnementales au début des années 1990, la participation à ces programmes a atteint près de 90 % des exploitations agricoles et 98 % des terres agricoles (OFAG, 2005).

Comparaison des indicateurs agroenvironnementaux pour la Suisse, pour l'UE et pour l'OCDE

Le graphique 2.15 permet de comparer les tendances agroenvironnementales essentielles pour l'OCDE, l'UE15 et la Suisse sur deux décennies. En Suisse, la réduction des ventes de pesticides a été plus rapide que l'évolution de la production de cultures végétales, surtout entre 1990-92 et 1998-2000, tandis que pour l'OCDE et l'UE15 les ventes de pesticides se sont surtout réduites au cours de la période comprise entre 1998-2000 et 2008-10. Une diminution des excédents d'azote et de phosphore a été observée dans tous les cas, et en Suisse cette diminution s'est produite principalement entre 1990-92 et 1998-2000 tandis que dans l'OCDE et l'UE15, des réductions relativement plus importantes ont été enregistrées entre 1998-2000 et 2008-10. Dans tous les cas, il y a eu un relatif découplage entre les excédents d'éléments nutritifs et la production agricole, la production ayant diminué relativement moins que les excédents de nutriments.

Graphique 2.15. **Principales tendances agroenvironnementales pour l'OCDE, l'UE15 et la Suisse entre 1990-92 et 2008-10**

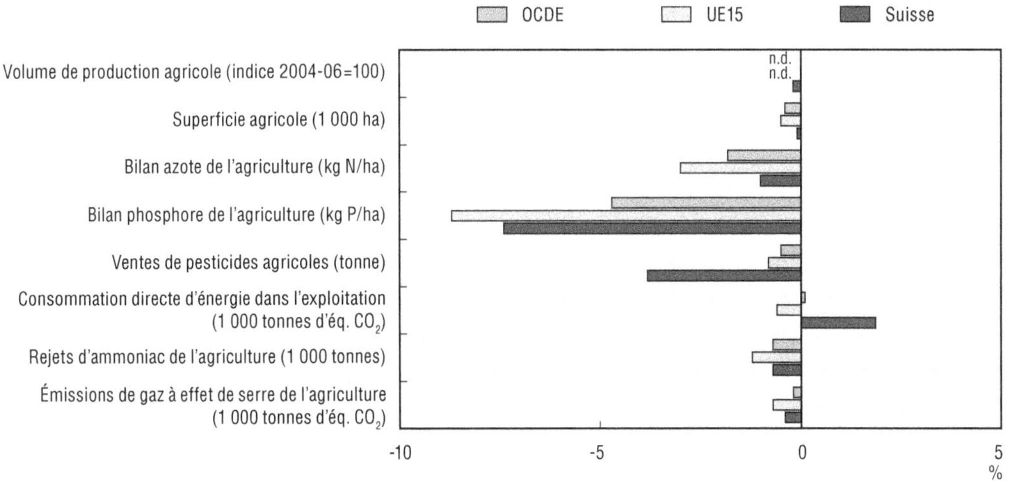

n.d. – non disponible

1. Pour la Suisse, les ventes de pesticides agricoles font référence à la période comprise entre 1990-92 et 1998-2000.

Source : OCDE (2013), Compendium des indicateurs agro-environnementaux de l'OCDE.

Résumé succinct des principaux progrès de la performance environnementale de l'agriculture suisse

Des progrès significatifs ont été accomplis pour atteindre les objectifs gouvernementaux en matière agroenvironnementale. Par rapport à la période de référence précédente, celle des années 1990, pratiquement tous les objectifs ont été atteints en 2005 sauf la réduction des excédents d'azote. La progression des principaux indicateurs agroenvironnementaux entre 1990 et 2010 montre que les progrès en matière de performance environnementale s'observent déjà dans une large mesure sur la période comprise entre 1990-92 et 1997-98, et que depuis, le rythme des progrès en performance s'est ralenti. Malgré les progrès globaux en termes de performance environnementale de l'agriculture suisse, des problèmes écologiques demeurent, notamment la pollution des eaux de surface et souterraines par les nutriments et les pesticides.

Encadré 2.1. **Monitoring agro-environnemental**

En Suisse, l'Office fédéral de l'agriculture (FOAG) assure un monitoring agroenvironnemental (MAE) en application de la Loi fédérale sur l'agriculture (art. 185) et de l'ordonnance sur l'évaluation de la durabilité de l'agriculture. L'objectif du MAE est d'évaluer l'impact de l'agriculture sur l'environnement. Le MAE s'appuie sur une série de dix-sept indicateurs agroenvironnementaux (IAE). Ces IAE sont classés selon six domaines (azote, phosphore, énergie/climat, eau, sol et biodiversité) et selon deux types (éléments moteurs et effets environnementaux). En tant que centre de compétences pour les IAE, l'Institut des sciences en durabilité agronomique (IDU), au sein d'Agroscope, est responsable de l'évaluation centralisée des IAE, et notamment du développement des méthodes des IAE. Les statistiques servant au calcul des IAE sont collectée depuis 2009 auprès d'un réseau qui compte actuellement 300 exploitations afin d'obtenir des données agroenvironnementales par région et par type d'exploitation.

« Diversité des espèces et diversité des habitats agricoles » est un programme d'indicateurs donnant des informations sur l'état et la dynamique de la biodiversité dans les paysages agricoles de la Suisse, et fonctionnant donc au niveau du paysage. Pour évaluer l'état et la dynamique de la diversité des espèces dans les paysages agricoles, quatre groupes d'indicateurs ont été élaborés, soit 35 indicateurs au total : 1) diversité des habitats et des structures, 2) qualité des habitats et des structures, 3) diversité des espèces, et 4) qualité des espèces. Un groupe supplémentaire d'indicateurs couvrant la diversité et la qualité des surfaces de compensation écologique a été ajouté en tant qu'évaluation intégrée des mesures, dans le cadre du programme de monitoring agroenvironnemental.

Notes

1. Dans les petites communes, il n'y a pas de parlement mais des assemblées de citoyens ; à l'échelon local, plusieurs collectivités partagent un même tribunal.

Références

Badertscher, R. (2005), « Evaluation of Agri-environmental Measures in Switzerland », dans OCDE, *Evaluating Agri-environmental Policies: Design, Practice and Results*, Paris, France, *www.oecd.org/agr/env*.

Flury, C. (2005), *Évaluation des mesures écologiques et des programmes de garde d'animaux*, Office fédéral de l'agriculture, Berne, Suisse, *www.blw.admin.ch/imperia/md/content/evaluationen/050920_agrokol_tierwohl_f.pdf*.

Herzog, F. et W. Richner (dir. pub.) (2005), *Évaluation des mesures écologiques : Domaines de l'azote et du phosphore*, Les cahiers de la FAL 57, Institut de recherche en écologie et agriculture, Zurich-Reckenholz, Suisse, *www.reckenholz.ch/*.

Herzog, F., S. Dreier, G. Hofer, C. Marfurt, B. Schüpbach, M. Spiess et T. Walter (2005), « Effect of ecological compensation areas on floristic and breeding bird diversity in Swiss agricultural landscapes », *Agriculture, Ecosystems and Environment*, vol. 108, pp. 189-204.

Herzog, F., V. Prasuhn, E. Spiess et W. Richner (2008), « Environmental cross-compliance mitigates nitrogen and phosphorus pollution from Swiss agriculture », *Environmental Science and Policy*, vol. 2, pp. 655-668.

Knop, E, D. Kleijn, F. Herzog et B. Schmid (2006), « Effectiveness of the Swiss agri-environmental scheme in promoting biodiversity », *Journal of Applied Ecology*, vol. 43, pp. 120-127.

Kupper, T., C. Bonjour, B. Achermann, B. Rihm, F. Zaucker et H. Menzi (2013), « Ammonia emissions for Switzerland 1990 to 2010 and previsions until 2020 », rapport complet en allemand, résumé disponible en anglais et en français.

OCDE (2013a), *Études économiques de l'OCDE : Suisse 2013*, Éditions OCDE, Paris, *http://dx.doi.org/10.1787/eco_surveys-che-2013-fr*.

OCDE (2013b), *Compendium des indicateurs agro-environnementaux de l'OCDE*, Éditions OCDE, Paris, *http://dx.doi.org/10.1787/9789264181243-fr*.

OCDE (1990), *National Policies and Agricultural Trade: Switzerland*, Éditions OCDE, Paris.

OFAG (Office fédéral de l'agriculture) (2002), *Rapport agricole 2002*, Office fédéral de l'agriculture, Berne, Suisse, *www.blw.admin.ch/*.

OFAG (2012), *Rapport agricole 2012*, Office fédéral de l'agriculture, Berne, Suisse, *www.blw.admin.ch/*.

OFAG (2011), Rapport agricole 2011, Office fédéral de l'agriculture, Berne, Suisse, *www.blw.admin.ch/*.

OFAG (2005), Rapport agricole 2005, Office fédéral de l'agriculture, Berne, Suisse, *www.blw.admin.ch/*.

OFAG (2004), *Rapport agricole 2004*, Office fédéral de l'agriculture, Berne, Suisse, *www.blw.admin.ch/*.

Office fédéral de l'environnement, des forêts et du paysage (OFEFP) (2002), *Environnement Suisse 2002*, Berne, Suisse, *www.umwelt-schweiz.ch/buwal/eng/publikationen/index.html*.

OFS (Office fédéral de la statistique) (2005), *Agriculture in Switzerland 2005*, Office fédéral de la statistique, Berne, Suisse.

OMC (2013), Organisation mondiale du commerce, *Trade policy review: Switzerland and Lichtenstein*, Genève, Suisse.

Schader, C. (2009), « Cost-effectiveness of organic farming for achieving environmental policy targets in Switzerland », thèse de doctorat, Institute of Biological, Environmental and Rural Sciences, Aberystwyth, Aberystwyth University, Pays de Galles, Institut de recherche de l'agriculture biologique (FiBL), Frick, Suisse.

Chapitre 3

Évolution de l'action publique et soutien à l'agriculture en Suisse

Ce chapitre décrit les réformes de la politique agricole entreprises depuis le milieu des années 90. Il en présente les principes directeurs, notamment les motivations et les changements de priorités. Il expose aussi les processus appliqués pour les mener à bien, notamment l'échelonnement des mesures et la recherche du consensus. Il analyse l'évolution du niveau et de la composition du soutien résultant de la politique agricole mise en œuvre pendant la période étudiée. Cette analyse s'appuie principalement sur l'ESP et les indicateurs connexes.

Cadre de la politique agricole

Objectifs de la politique agricole

Les mesures mises en œuvre dans l'agriculture suisse au milieu des années 90 reflètent le consensus sociétal en faveur d'un secteur agricole qui réponde aux demandes du marché et qui adopte un mode de fonctionnement écologique tout en apportant à la société des biens publics (par exemple biodiversité et paysage culturel). Les considérations éthiques relatives au bien-être animal font aussi partie des préoccupations importantes soulevées par la société suisse. Par ailleurs, on s'efforce de plus en plus de coordonner la politique agricole avec les politiques de développement rural régionales (cantonales).

Depuis le milieu des années 90, les principaux objectifs de l'agriculture suisse sont précisés dans un article de la Constitution. Lors d'un vote populaire en 1996, une nette majorité (plus des trois quarts) des électeurs se sont prononcés en faveur de l'ajout d'un article correspondant sur l'agriculture dans la constitution fédérale. Les tâches définies dans cet article, pour l'agriculture, incluent les principaux objectifs suivants :

- Apporter une contribution majeure à la fourniture d'aliments à la population, même si la Suisse est et restera un grand pays importateur de produits alimentaires.
- Les normes écologiques sont un objectif important de la politique agricole ; les méthodes de production doivent permettre aux générations futures de disposer de sols fertiles et d'une eau potable salubre.
- Préserver le paysage apparaît comme une mission essentielle de l'agriculture. Un paysage varié est considéré comme contribuant à la qualité de vie de la population, et c'est en même temps un élément fondamental pour une industrie touristique florissante, laquelle constitue une ressource importante de l'économie nationale.
- Enfin, encourager une occupation décentralisée du territoire pour permettre la préservation des zones rurales fait aussi partie des objectifs soutenus par les politiques régionales.

Bien que ces objectifs soient en principe clairement définis, les responsables de l'action publique sont confrontés à la difficulté de les mettre en œuvre au moindre coût pour la société, en conciliant leurs effets potentiellement contradictoires (ou indésirables).

Principaux moteurs des réformes de la politique agricole

Le processus de décision publique

Les spécificités du système politique suisse ont un impact sur l'orientation et le rythme des réformes de la politique agricole. Compte tenu de l'autonomie relativement importante des 26 cantons de la Confédération helvétique et de certains aspects de la démocratie directe, les processus de décision publique font intervenir un certain nombre de parties et donnent lieu à de vastes consultations. L'initiative populaire est un des éléments clés du système suisse de référendums. Les citoyens ordinaires peuvent proposer des modifications de la constitution ou d'autres actes législatifs, à condition de réunir un certain nombre de supporters (100 000 voix sur environ 3 500 000 votants, ces chiffres étant plus réduits au niveau cantonal et communal) dans le cadre d'un référendum facultatif. Le parlement étudie les propositions et formule, le plus souvent, une proposition alternative, et tous les citoyens peuvent ensuite décider par voie de référendum d'accepter le projet initial ou la proposition du parlement ou de laisser la constitution ou autre législation inchangée.

De façon générale, le cadre stratégique pour l'agriculture est fixé pour une période de quatre ans. En cas de retards dans le processus d'acceptation des nouvelles mesures, la période initiale d'application est prolongée. Depuis le début des années 1990, les diverses réformes ont été menées au cours des périodes suivantes : 1993-98 (Loi sur l'agriculture, articles 31a et 31b) ; 1999-2003 (PA 2002) ; 2004-07 (PA 2007) ; et 2008-13 (PA 2011). Un ensemble de mesures pour les prochaines politiques agricoles a été validé en 2013 et doit être mis en œuvre sur la période 2014-17.

Comme pour la plupart des décisions publiques, le processus de décision pour les mesures de politique agricole comporte des éléments de démocratie directe. En conséquence, le système de mise en application des réformes est une procédure plutôt lente mais bien structurée, permettant la participation de toutes les parties et des représentants des divers éléments de la société (et même des particuliers) au processus de décision. Ce processus de décision global permet la création d'un consensus sur les mesures proposées et minimise le risque que les législations proposées soient rejetées par voie de référendum facultatif.

De façon générale, le processus de préparation et d'adoption d'une nouvelle législation fédérale (*Ordonnance du Conseil fédéral*) liée à la mise en œuvre d'une réforme est constitué des étapes suivantes :

- Le Conseil fédéral précise les principales caractéristiques de la réforme proposée, avec les projets des divers actes législatifs (*phase d'élaboration*), et soumet la réforme à un vaste processus de consultation.
- Les cantons et tous les organismes concernés, et même les citoyens, peuvent exprimer leur point de vue lors de ces consultations.
- Ensuite, un projet révisé est consolidé par le Conseil fédéral, avec les propositions finales de législation et de budget, et transmis au Parlement en tant que *Message du Conseil fédéral*.
- Le Parlement (*Conseil des États*, ou sénat, et *Conseil national*, ou chambre des représentants) examine le document avec ses éventuelles modifications proposées. Si les deux conseils approuvent à la fois l'envoi du Conseil fédéral et les modifications proposées à l'issue d'un maximum de trois débats (avec, si nécessaire, une conférence de conciliation), la réforme proposée et la nouvelle législation fédérale entrent en vigueur.
- À ce stade final, il reste encore aux opposants à cette législation la possibilité de demander un référendum facultatif portant sur la législation débattue (voir les informations qui précèdent, concernant les conditions de ce genre de référendum). Si les conditions sont remplies, le référendum a lieu. Si la législation est approuvée, elle entre en vigueur, sinon, la proposition est rejetée. Il en est de même en l'absence d'accord à l'issue de la conférence de conciliation au Parlement.
- Un nouveau cycle commence après l'approbation finale des modifications législatives. Le Conseil fédéral élabore des propositions pour les règles de mise en œuvre de la nouvelle mesure (des « ordonnances ») et les soumet aux cantons et à tous les organismes concernés.

- Prenant en compte les commentaires émis au cours du processus de consultation, le Conseil fédéral consolide et approuve la version finale des règles de mise en œuvre, avec les allocations budgétaires correspondantes, et les met en vigueur.

Ce processus peut expliquer au moins en partie le fait que la réforme de la politique agricole de la Suisse, commencée dans les années 90, se réalise de façon plutôt progressive et en plusieurs phases. Dans la mesure où les réformes s'appuient sur un consensus sociétal et s'accompagnent de débats approfondis avec les différentes parties prenantes, la réaction à la mise en œuvre de ces mesures est généralement positive (même s'il arrive souvent que certaines parties concernées aient des intérêts contradictoires du point de vue des impacts des mesures appliquées).

Facteurs externes (internationaux) des modifications de l'action publique

La Suisse est une économie relativement petite et ouverte, qui entretient des liens importants avec les marchés mondiaux. Dans le domaine du commerce agroalimentaire, elle est essentiellement liée au marché de l'UE, aussi bien pour ses importations que pour ses exportations. Par conséquent, les décisions concernant les changements à apporter à la politique agricole en Suisse dépendent aussi de facteurs externes. Les facteurs les plus importants sont les suivants :

- Les accords de l'OMC, en particulier l'Accord sur l'agriculture issu du Cycle d'Uruguay (AACU), qui a libéralisé le commerce agroalimentaire et instauré un cadre contraignant pour le soutien de l'agriculture. L'agriculture suisse est grandement affectée par les efforts qui sont déployés pour déréglementer davantage le commerce mondial. En ce qui a trait à ses engagements dans le cadre de l'AACU, la Suisse a réduit sa protection frontalière, laquelle reste néanmoins importante en raison d'un niveau de base relativement élevé pour la réduction des tarifs douaniers. D'autre part, les engagements de l'AACU ont abouti à une restructuration du soutien fourni au moyen de paiements directs et à une orientation vers moins de distorsions de production et des échanges. Dans le cadre des négociations de l'OMC, la Suisse, avec d'autres pays, propose que davantage d'attention soit consacrée aux aspects non commerciaux liés à la multifonctionnalité de l'agriculture.
- Les accords d'échanges bilatéraux, et plus particulièrement la libéralisation graduelle des échanges commerciaux avec l'UE. L'Union européenne est le principal partenaire commercial de la Suisse pour les produits agroalimentaires. L'accord agricole qui est entré en vigueur le 1er juin 2002 facilite l'accès mutuel aux marchés. La poursuite de la libéralisation du marché agroalimentaire avec l'UE (2005 et 2007) a été une nouvelle incitation à continuer les réformes axées sur le marché, surtout dans les secteurs des produits laitiers et du sucre.

Évolution de la politique agricole

La politique agricole au début des années 1990

À la fin des années 80 et au début des années 90, l'agriculture suisse était isolée des signaux du marché mondial par d'importantes barrières commerciales et par une lourde réglementation du marché intérieur. En moyenne, les prix intérieurs payés aux agriculteurs étaient 4.5 fois plus élevés que les prix sur le marché mondial. En outre, les paiements étaient la plupart du temps fondés sur la production (soutien des prix du marché, principalement) ou sur l'utilisation d'intrants et versés sous forme de paiements à la surface et par animal, au titre de produits spécifiques. Le soutien apporté aux agriculteurs était substantiel, sachant que près de 80 % des recettes agricoles brutes provenaient des transferts découlant de la politique agricole. Par ailleurs, environ 80 % de ce soutien était assuré au moyen de mesures particulièrement susceptibles d'entraîner des distorsions de la production et des échanges.

Le soutien, pour la plus grande part, prenait la forme d'un soutien des prix du marché (SPM), ce qui explique l'écart entre les prix intérieurs et les prix mondiaux, dû à des barrières tarifaires élevées mais aussi et surtout à des interventions lourdes sur le marché intérieur. Le graphique 3.1 illustre l'écart de prix de divers produits de l'agriculture sur la période 1986-88, mesuré par le coefficient nominal de protection (CNP) des producteurs.

Graphique 3.1. **Suisse : coefficient nominal de protection des producteurs par produit**

Coefficient, moyenne 1986-88

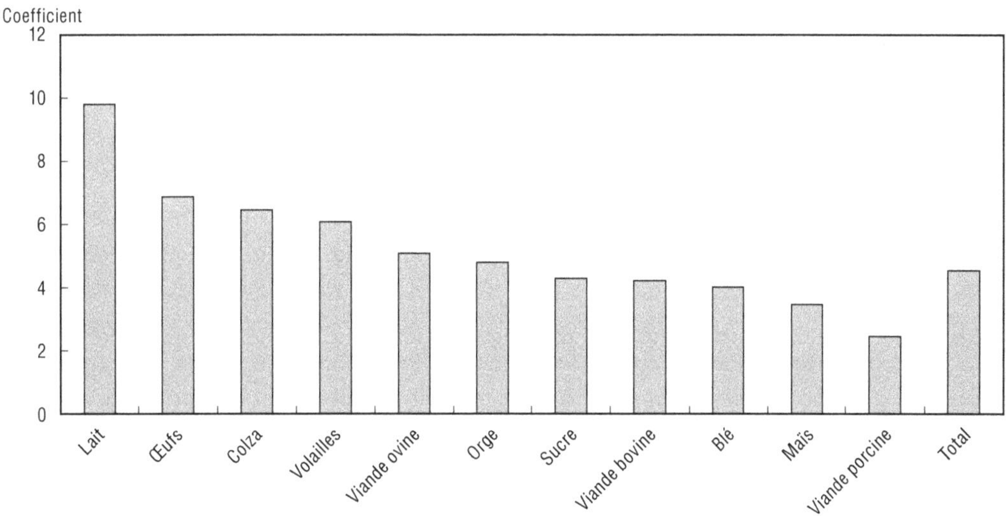

Source : OCDE (2014), « Estimations du soutien aux producteurs et aux consommateurs », *Statistiques agricoles de l'OCDE* (base de données).

À la fin des années 80, la politique agricole, qui garantissait aux agriculteurs des prix fixes et des marchés pour leurs produits, avait atteint ses limites. Son coût pour le contribuable (dépense publique) et pour le consommateur (prix élevés) ne cessait de croître, et l'impact négatif de la production agricole sur l'environnement était de plus en plus évident. En outre, les efforts déployés pour libéraliser les échanges commerciaux poussaient de plus en plus à réformer les mesures protectionnistes et les dispositions qui faussaient les échanges agricoles. Il était temps de remanier la politique agricole de la Suisse.

Les réformes des années 90

À la suite d'une décision prise par le parlement, une première phase de réformes substantielles de la politique agricole a été mise en œuvre entre 1993 et 1998 (articles 31a et 31b), et elle a été suivie d'une deuxième phase pendant la période 1999-2003 (PA 2002). Trois principaux éléments ont ainsi été appliqués au cours des années 90 :

- Un régime d'importation plus transparent, une réduction des barrières tarifaires et la fin progressive des interventions lourdes sur le marché intérieur. Au cours des années 90, les pouvoirs publics ont progressivement supprimé les garanties qu'ils accordaient sur les prix et les marchés, ce qui a eu pour conséquence une réduction des prix payés aux agriculteurs suisses. Pour ces derniers, maintenir leur part de marché est devenu un problème important.

- L'introduction de paiements directs non liés à des produits spécifiques, en contrepartie de la baisse des prix et en rémunération des services publics et écologiques fournis par les agriculteurs. La structure de ces paiements a été à nouveau révisée à partir de 1999.
- L'instauration de l'éco-conditionnalité a fait partie de la réorganisation du système des paiements directs. Depuis 1999, tous les paiements directs sont soumis à des exigences strictes en matière de prestations écologiques (*Prestations écologiques requises*).

Réduction du soutien au marché

Mesures aux frontières : le système de restrictions quantitatives a été remplacé par des contingents tarifaires avec une réduction partielle des tarifs intra-quota et une réduction des prix de seuil utilisés pour calculer les tarifs d'importation relatifs aux denrées alimentaires pour animaux telles que céréales, tourteau de soja, huiles alimentaires, aliments à base de gluten. Cette dernière mesure avait pour principal objectif de réduire les coûts des aliments pour les producteurs suisses de bétail. Bien que le système de mesures aux frontières soit devenu plus transparent et que le niveau de protection ait été réduit, les barrières tarifaires sont restées relativement importantes.

Réglementation du marché intérieur : les pouvoirs publics ont substantiellement limité leurs interventions sur le marché intérieur. Les outils administratifs pesants qui garantissaient les prix et les quantités produites ont été progressivement réduits. Toutes les garanties gouvernementales relatives aux prix et aux ventes ont été supprimées en 1999 (sauf les garanties de prix pour les céréales panifiables, qui ont été supprimées en 2001). Seuls les quotas de production laitière ont été maintenus et une nouvelle loi sur le sucre (1998) a inauguré un nouveau système de réglementation du marché pour la production de betterave sucrière. Ainsi, sur le marché intérieur, les prix et les quantités produites ont davantage obéi à l'offre et à la demande. Par ailleurs, les réformes ont favorisé des instruments moins interventionnistes vis-à-vis du marché. Ainsi, par exemple, une aide a été fournie pour promouvoir des mesures d'auto-assistance prises par des organismes interprofessionnels et par des associations de producteurs ou des mesures destinées à promouvoir les ventes, notamment l'étiquetage de produits traditionnels provenant de régions spécifiques.

Un nouveau système de paiements directs

Avant les réformes lancées dans les années 90, les paiements directs étaient accordés principalement pour des produits spécifiques sous forme de paiements à la surface ou par tête (*primes de superficie* pour le blé, les céréales secondaires et les pommes de terre, *primes aux vaches allaitantes, etc.*), et sous forme de subventions aux intrants (*baisse des prix des céréales fourragères*). Des paiements étaient aussi assurés aux agriculteurs (principalement pour les ruminants) dans les zones de montagnes (*détenteurs de bétail dans les régions de montagnes, pâturages d'été*). Cependant, le montant total de ces paiements était relativement faible par comparaison avec les transferts liés au soutien des prix sur le marché au cours de la période ayant précédé les réformes de 1990 (graphique 3.2).

Un nouveau système de **paiements directs** a été progressivement mis en place depuis 1993. Certains paiements existants spécifiques au produit ont été supprimés : la prime à la

Graphique 3.2. **Soutien des prix du marché et paiements directs dans l'Estimation du soutien aux producteurs totale**

En millions CHF

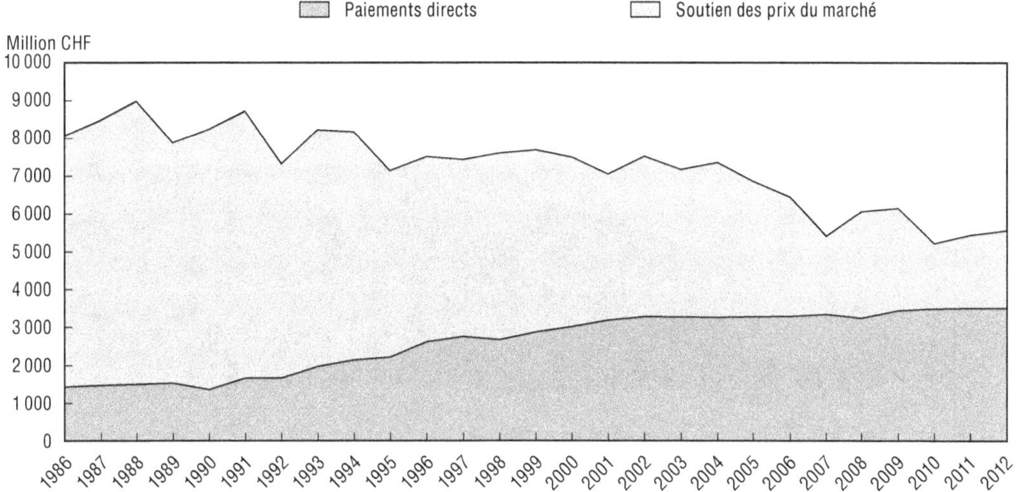

Source : OCDE (2014), « Estimations du soutien aux producteurs et consommateurs », *Statistiques agricoles de l'OCDE* (base de données).

superficie pour le blé et les pommes de terre (interrompue en 1989), la prime à la vache allaitante (1998), et la prime à la superficie pour les céréales secondaires et la réduction du prix des céréales fourragères (2000). Cependant, d'autres paiements spécifiques au produit ont été mis en place pour compenser la baisse de prix liée à la libéralisation du marché : un *complément de prix sur le lait pour la production fromagère* (instauré en 1996) et un *paiement pour la culture d'oléagineux* (2000).

Néanmoins, le changement le plus important apporté au système des paiements directs a été la création de deux grandes catégories de nouveaux paiements en 1993 : i) les *paiements directs généraux* et ii) les *paiements directs écologiques*.

Les *paiements directs généraux* sont des paiements non spécifiques aux produits. Ils ont été mis en place au cours de deux périodes distinctes : entre 1993 et 1998, et à partir de 1999, et ils constituent, de loin, la partie la plus importante des paiements directs (graphique 3.3).

Entre 1993 et 1998, les paiements directs généraux comprenaient trois principaux éléments :

1. *Les paiements directs complémentaires* : paiements fondés sur divers critères et constitués de quatre éléments : i) contribution de base – ferme, ii) contribution de base – terre arable, iii) contribution de base – prairie, et iv) paiements complémentaires. Le niveau de paiement direct complémentaire par exploitation était le résultat de la combinaison de ces quatre éléments.
2. *Les paiements pour la production intégrée* : paiement par hectare de cultures sur la base de normes de production intégrée spécifiques (liées à la biodiversité, à la conservation des sols, à l'épandage de fumier, au plan de cultures, à la sélection des cultivars, à la lutte antiparasitaire intégrée et à la détention de bétail) ; au moins 5 % de la superficie est cultivée comme prairies extensives ou comme jachères florales. Le taux de contribution diminue de moitié au-delà de 50 hectares de terrain cultivé. Un complément est accordé lorsque la production intégrée s'applique à l'ensemble de l'exploitation.

Graphique 3.3. **Structure des paiements directs, 1986-2012**

En millions CHF

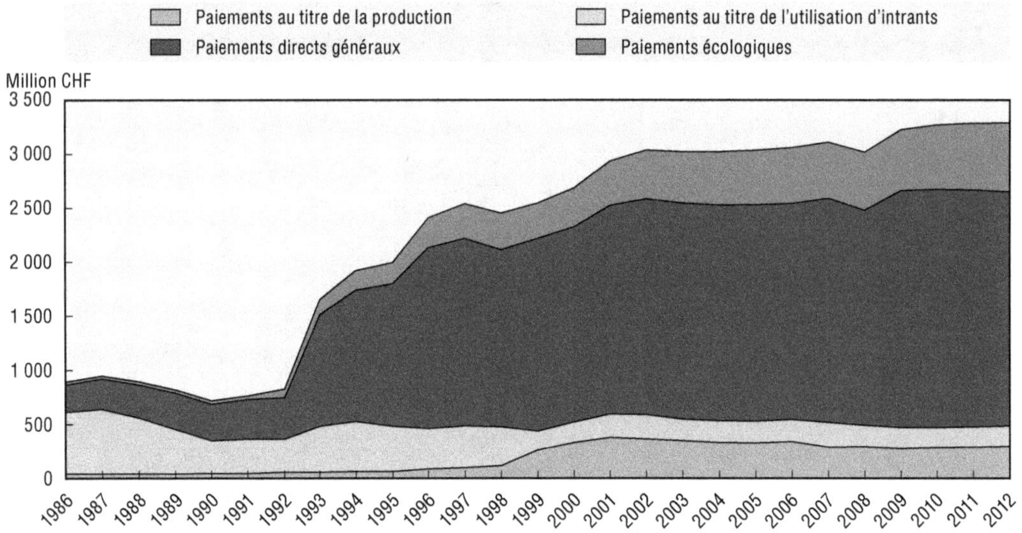

Source : OCDE (2014), « Estimations du soutien aux producteurs et consommateurs », *Statistiques agricoles de l'OCDE* (base de données).

3. *Les paiements aux exploitations qui sont dans des conditions difficiles* : cette partie des paiements directs généraux est constituée de programmes qui ont déjà été mis en œuvre au cours de la période précédente, c'est-à-dire ceux concernant la détention de bétail dans les zones de montagnes (paiement par tête) et l'agriculture en pente raide (paiement à la superficie).

À partir de 1999, le système des paiements directs généraux a été réorganisé, et il a été appliqué sans changements majeurs jusqu'en 2013. Par rapport aux mesures précédentes, les principaux changements ont été les suivants :

1. Le système de *paiements directs complémentaires* a été remplacé par un *paiement à la superficie* – un paiement par hectare de terre agricole indépendant de toute obligation de produire telle ou telle culture. Ce paiement est soumis aux plafonds de revenu et d'actif relatifs aux paiements directs.
2. Les *paiements pour la production intégrée* ont été interrompus. Par ailleurs, les exigences en matière écologique introduites dans le système d'éco-conditionnalité (auxquelles les producteurs doivent se conformer pour pouvoir recevoir des paiements directs généraux) sont fondées dans une large mesure sur les exigences de production intégrée (voir encadré 3.1).
3. Un *paiement général pour les ruminants* a été instauré en 1999. C'est un paiement par animal (vache, cheval, mouton, chèvre, etc.). Le taux de paiement varie selon l'espèce, il augmente lorsque les animaux sont détenus pour l'estivage et il diminue lorsque le lait est commercialisé.
4. Des *paiements pour les exploitations dans des conditions difficiles* : cette partie des paiements directs généraux n'a pas connu de changement notable. Un nouveau paiement pour la *viticulture en pente raide* a été instauré en 1999.

Les *paiements directs écologiques* sont encore une catégorie de paiements directs nouvellement créés dans le cadre des réformes des années 90. Ces paiements sont conçus pour offrir une rémunération complémentaire aux agriculteurs qui fournissent des biens et services non marchands tels que biodiversité, paysages, protection des animaux, etc. Certains programmes encouragent une utilisation plus durable des ressources et la lutte contre la pollution. La participation à ces programmes est volontaire. Globalement, la somme des paiements directs écologiques est bien moins élevée, comparée aux paiements directs généraux, mais ces paiements ont enregistré une tendance continue à la hausse sur la période 1993-2013, ce qui reflète la participation accrue des agriculteurs à ces programmes et le fait de disposer d'un choix de programmes plus vaste (graphique 3.3).

Les *compensations écologiques* sont des programmes de rémunération de services écologiques comme la création d'habitats précieux pour les animaux et les plantes ou la création d'un paysage culturel. Divers programmes ont été progressivement mis en place sous cette rubrique :

- Depuis 1993, des paiements pour les prairies extensives, les prairies utilisées de façon moins intensive pour la production de fourrage, les jachères florales, et des paiements pour les arbres fruitiers à haute tige (avec un tronc et une cime) ;
- En 1999, des programmes supplémentaires ont été mis en place dans le cadre de la compensation écologique : des contributions pour l'exploitation de terrains secs et de prés à litière, pour les haies et bosquets champêtres, pour la jachère tournante et les bandes culturales extensives.

Outre les compensations écologiques, il existe d'autres programmes de paiements directs écologiques :

- Des *contributions d'estivage* (déjà mises en place au cours de la période pré-réformes) font partie de cet ensemble. Les agriculteurs reçoivent un paiement pour la transhumance à condition d'utiliser les alpages de façon écologique ;
- La *production extensive de céréales et de colza* (depuis 1992) rapporte aux agriculteurs des paiements à la superficie lorsqu'ils se conforment aux critères établis pour les modes de production extensive ;
- La *culture biologique* céréalière (depuis 1993) fait l'objet d'un paiement par hectare de cultures spéciales, pour les terres arables à l'exclusion des cultures spéciales, et les zones vertes et les prés à litière dont la production est conforme à la réglementation spécifique relative à l'agriculture biologique au niveau de l'exploitation tout entière ;
- Des programmes de *protection animale* font aussi partie des paiements directs écologiques. On distingue deux grands programmes : i) les paiements pour les *sorties régulières en plein air d'animaux de rente* (depuis 1993) sont des paiements par tête d'animal détenu en plein air un certain nombre de jours par semaine ou par mois, et ii) les *systèmes de stabulation respectueux des animaux* (depuis 1996) donnent lieu à un paiement par tête d'animal élevé dans un système de stabulation conformément à des normes spécifiques (avec un minimum de 5 unités de bétail). Dans ces deux programmes, le taux de contribution varie selon l'espèce animale. Les conditions y sont plus rigoureuses que les termes de la législation relative à la protection des animaux. En 2002, environ 30 % de l'ensemble des animaux étaient élevés dans des conditions particulièrement respectueuses et 60 % pouvaient faire régulièrement de l'exercice en plein air.
- Les *paiements pour les mesures de protection de la qualité de l'eau*. Un programme distinct est spécifiquement consacré à l'amélioration de la qualité de l'eau dans les zones problématiques.

- La *contribution à la qualité environnementale* (depuis 2001) est un programme supplémentaire visant à rehausser la qualité des zones écologiques et à encourager les agriculteurs à les relier entre elles.

L'Éco-conditionnalité : Depuis 1999, les agriculteurs ne reçoivent des paiements directs que s'ils se conforment à certaines exigences écologiques (*Prestations écologiques requises,* PER). Les principaux éléments des prestations écologiques requises sont précisés dans l'encadré 3.1.

Encadré 3.1. **Éco-conditionnalité (prestations écologiques requises, PER)**

Pour pouvoir prétendre aux paiements directs généraux, les exploitations agricoles suisses doivent satisfaire aux critères des prestations écologiques requises (PER). Les PER représentent donc l'éco-conditionnalité liée aux paiements de soutien à l'agriculture. Les règles des PER sont définies dans l'article 70 de la Loi fédérale sur l'agriculture. Les principaux critères des PER sont les suivants :

- Utilisation raisonnable des nutriments : au maximum 10 % d'excédent d'azote et de phosphore, au vu du bilan nutriments de l'exploitation (selon les besoins des cultures)
- Part minimale de surfaces de compensation écologique (SCE) : au moins 7 % des superficies agricoles utilisées par l'exploitation doivent être affectées à la compensation écologique (par exemple prairie extensive, pâturages peu intensifs, vergers traditionnels, haies, bandes de fleurs sauvages ou bandes de culture peu intensive)
- Rotation des cultures : au moins quatre cultures différentes doivent être cultivées chaque année dans les exploitations dont les superficies de terres arables dépassent 3 ha et les parts maximales des différentes cultures doivent être respectées
- Protection des sols : Les parcelles moissonnées avant le 31 août doivent être semées de cultures principales ou de couverture au 15 septembre, afin de minimiser l'érosion périodique des sols
- Application ciblée des pesticides : restrictions sur l'utilisation des divers herbicides et insecticides, prise en compte des systèmes de surveillance précoce et de prévisions relatives aux ravageurs, tests fréquents des pulvérisateurs
- Bien-être animal : les animaux d'élevage doivent être élevés conformément aux exigences légales (à l'ordonnance relative à la protection des animaux).

Ces critères d'éco-conditionnalité servent plusieurs objectifs environnementaux, à savoir la réduction du ruissellement et des infiltrations d'azote et de phosphore, de l'érosion des sols et des ruissellements chargés de sédiments, la préservation et la promotion de la biodiversité des terres agricoles, la réduction du ruissellement et des résidus des pesticides, et l'amélioration du bien-être animal. Le pourcentage d'exploitations qui se conforment aux PER est proche de 100 %.

Continuation des réformes en 2004-13

Au cours de la période 2004-13, contrairement aux années 90, il n'y a pas eu de changement notable apporté au système des paiements directs et ce système a été maintenu (PA 2007 et PA 2011). Les principales évolutions ont été la continuation de la déréglementation du marché commencée dans les années 90, et principalement la suppression des systèmes d'intervention pour le sucre et les produits laitiers, et une réduction progressive et ininterrompue (quoique pas très importante) des mesures aux frontières. Par ailleurs, les subventions aux exportations ont été supprimées pour les produits primaires, tandis qu'elles ont été maintenues pour certains produits transformés.

Évolution des mesures aux frontières et autres mesures concernant les échanges

Un des principaux facteurs ayant influencé l'évolution des mesures aux frontières a été l'accord agricole entre l'Union européenne et la Suisse entré en vigueur le 1er juin 2002. Cet accord facilite l'accès au marché pour les deux parties. Il prévoit d'une part la réduction ou la suppression totale des droits à l'importation sur certains produits, et d'autre part, des procédures commerciales simplifiées.

Lait et produits laitiers : Peu de changements sont intervenus concernant l'accès au marché pour les produits laitiers. Les tarifs pour la nation la plus favorisée (NPF) restent élevés pour la plupart des produits laitiers, avec une moyenne de 101.5 %. L'engagement de la Suisse en matière de contingent tarifaire global pour les produits laitiers (527 000 tonnes d'équivalent lait) se divise en six sous-contingents, avec des allocations très réduites pour le beurre (100 tonnes) et le lait entier en poudre (300 tonnes), qui sont en excédent. Les quotas relatifs au beurre et au lait en poudre sont mis aux enchères et ne font plus l'objet d'une *prise en charge* comme méthode d'allocation. D'après les autorités, le changement vise à accroître la concurrence entre les importateurs, sachant que dans le cadre du système de *prise en charge*, seuls quelques rares importateurs peuvent prétendre à des allocations.

Le commerce du fromage entre la Suisse et l'UE est totalement libéralisé depuis juin 2007 : seul un certificat d'origine est exigé. Depuis, il est possible pour la Suisse et pour tous les pays de l'UE d'importer et d'exporter tous types de fromage sans restrictions sur les quantités et sans droits à l'importation. Une clause évolutive permet de modifier l'accord dans l'avenir. Du point de vue suisse, c'est là l'essentiel de l'accord agricole, sachant qu'environ 40 % de la production laitière sert à la fabrication de fromages (le lait représentant à peu près le quart de la production agricole totale). Le fromage est aussi le produit de l'industrie agroalimentaire le plus exporté.

Viande et produits animaux : Peu de changements sont intervenus concernant l'accès au marché pour la viande et les produits animaux. Les tarifs douaniers appliqués à la plupart des produits restent élevés, avec une moyenne de 125.5 %. Les engagements de la Suisse envers l'OMC en matière de contingents tarifaires pour la « viande rouge » (22 500 tonnes) et la « viande blanche » (54 500 tonnes) sont administrés en utilisant 11 sous-contingents pour les différentes catégories de viande et de produits carnés. En 2007, la mise aux enchères des sous-contingents avait été entièrement réalisée, sauf pour 10 % des sous-contingents de viande bovine.

Céréales fourragères et oléagineux : La Suisse conserve un dispositif complexe de tarifs douaniers variables pour les céréales fourragères et les oléagineux. La structure de base du dispositif est restée inchangée au cours des années. Les tarifs sont ajustés périodiquement, de telle sorte que les prix droits de douane inclus atteignent le niveau des prix prédéterminés à l'import (*prix seuils* ou valeurs indicatives des importations). Sur la base des prix seuils pour 11 groupes de produits, le Département fédéral de l'Économie détermine les valeurs indicatives à l'importation pour des produits « similaires ». Les prix seuils statutaires sont révisés de temps à autre. En 2007, les prix seuils des céréales fourragères (orge) et du tourteau de soja étaient respectivement de 400 CHF/t et de 470 CHF/t, en baisse de 30 CHF/t afin de réduire les coûts d'alimentation des animaux pour les éleveurs nationaux (porc et volailles principalement). En 2009, ces prix seuils ont encore été abaissés à 360 CHF/t pour les céréales fourragères (orge) et à 450 CHF/t pour le tourteau de soja. Les tarifs variables ne peuvent pas dépasser les seuils imposés par le Cycle d'Uruguay. Il n'y a pas de contingents tarifaires pour les produits couverts par le dispositif. Il a été mis fin à la protection de l'industrie nationale des aliments pour le bétail par l'escalade tarifaire. Au 1er juillet 2011, les éléments de protection du secteur intégrés dans les tarifs pour les mélanges alimentaires ont été supprimés.

À partir de 2008, la Suisse a mis en place un nouveau régime de tarifs variables pour les céréales panifiables (par exemple le blé). Le dispositif est similaire à celui des céréales fourragères (voir ci-dessus). Les tarifs sont révisés tous les trimestres, et corrigés le cas échéant (à la hausse ou à la baisse) pour stabiliser le prix taxes comprises des céréales panifiables autour d'un prix d'importation minimum (*prix de référence*). Le système du prix de référence couvre les mêmes lignes tarifaires que le contingent tarifaire relatif au blé panifiable. Le prix de référence est révisé périodiquement. Les tarifs sont basés sur le prix des céréales sur le marché mondial, c'est-à-dire sur le prix c.a.f. tel qu'il est déterminé par l'Office fédéral de l'agriculture. En juillet 2009, le prix de référence a été abaissé de 600 CHF/tonne à 560 CHF/tonne. Depuis 2010, les tarifs variables représentent 100 % (contre 60 % précédemment) de la différence entre le prix sur le marché mondial et le prix de référence.

Sucre : L'accord bilatéral passé entre la Suisse et l'UE concernant les produits agricoles transformés (2005) instaure le libre-échange bilatéral des produits contenant du sucre. Les droits à l'importation pour le sucre utilisé dans la fabrication des produits transformés et les subventions à l'exportation entre les parties ont été supprimés (solution dite du double zéro). Effectivement, grâce à cet accord, les prix du sucre en Suisse sont comparables à ceux de l'UE, afin de ne pas compromettre la compétitivité de l'industrie alimentaire suisse. Afin de parvenir à une parité approximative des prix avec l'UE, la Suisse a instauré un mécanisme de tarification douanière variable pour les importations de sucre NPF. Les tarifs NPF sont normalement corrigés tous les trois mois, de telle sorte que les prix droits de douane compris soient alignés avec les prix sur le marché du sucre de l'UE (avec une marge de tolérance de +/- 30 CHF/tonne).

Accès préférentiel pour les pays les moins avancés

Des préférences tarifaires sont accordées aux importations en provenance des pays les moins avancés (PMA), dans le cadre d'un système conçu à cet effet. Au 1er janvier 2002, les droits à l'importation ont été réduits de 30 % sur tous les produits agricoles fournis par ces pays, et ils ont été réduits progressivement au cours des années qui ont suivi. Depuis septembre 2009, le gouvernement suisse accorde une exemption totale de droits de douane sur tous les produits importés des pays les moins avancés (PMA), et toutes les importations agricoles sont exemptées de droits de douane et de quotas.

Les subventions aux exportations

Depuis 2000, la Suisse a progressivement réduit ses subventions aux exportations de produits agricoles. Les subventions à l'exportation de produits agricoles de base ont été supprimées dans leur totalité à la fin 2009. Toutefois, la Suisse compense le handicap des prix des produits agricoles transformés exportés découlant des prix plus élevés des produits agricoles de base incorporés produits sur son territoire (comme les produits laitiers, la farine de blé ou les œufs) par un système de droits à l'importation et par un mécanisme de compensation pour les produits agricoles transformés. En 2012, les restitutions à l'exportation au titre de ce dispositif ont été supprimées pour les œufs, mais maintenues pour le reste.

La déréglementation des systèmes nationaux d'intervention

Lait et produits laitiers : En 2003, le parlement suisse a décidé de supprimer progressivement le système de quotas de lait pour 2009. Par ailleurs, il a approuvé une législation permettant la conversion des subventions laitières basées sur la production en paiements directs. Le système de quotas laitiers et de prix garantis connexes a été aboli pour tous les producteurs laitiers au 1er mai 2009, à l'issue d'une période de transition courant du 1er mai 2006 au 30 avril 2009. Depuis l'abolition du système des quotas laitiers au 1er mai 2009, tous les producteurs laitiers ont l'obligation de conclure un contrat de livraison avec leurs acheteurs de lait. Cette obligation restera en vigueur jusqu'au 30 avril 2015. En sont exemptés les producteurs qui vendent leur lait directement aux consommateurs finaux et les producteurs produisant du fromage ou d'autres produits laitiers à la ferme.

Selon la Loi sur l'agriculture (article 8), l'industrie et les organisations de producteurs sont responsables de la commercialisation de leurs produits. L'IP LAIT (l'organisation interprofessionnelle suisse des producteurs et transformateurs de lait) a mis en place les mesures suivantes pour ses membres :

1. Un contrat type : le 7 juin 2013, le Conseil fédéral a approuvé la demande de l'IP LAIT de déclarer le contrat type de l'IP LAIT pour l'achat et la vente de lait cru et les règlements d'application de la segmentation du marché obligatoires pour les non-membres de l'IP LAIT (en vigueur du 1er juillet 2013 au 30 juin 2015). Tout achat et toute vente de lait cru nécessitent un contrat spécifiant une durée d'un an au minimum, un accord sur le prix et la quantité, la segmentation de la quantité contractuelle en A, B ou C. les négociants et les transformateurs de lait doivent faire état mensuellement de la quantité de lait achetée et vendue par segment (A, B et C) et des produits laitiers fabriqués et exportés provenant des segments B et C. À l'issue d'une période de 12 mois, l'*IP lait* vérifie que les quantités de lait achetées aux segments B et C segment correspondent à la quantité de produits laitiers tirée du lait de B et C pour la vente et l'exportation et impose des sanctions en cas de divergence significative observée.
2. *Une politique de tarification du lait* (prix « recommandés ») basée sur la segmentation du marché : i) le « segment A » comprend les ventes intérieures de produits laitiers (0.68 CHF/kg de lait en 2013); ii) le « segment B » inclut les exportations sur le marché mondial de lait écrémé en poudre (protéines de lait) et les ventes intérieures de la production de beurre correspondante (graisse de lait) (0.61 CHF/kg en 2013); iii) le « segment C non soutenu » comprend les exportations sur le marché mondial de beurre et de lait en poudre (0.40 CHF/kg en 2013). Les acheteurs de lait se sont engagés à acheter au moins 60 % de leur lait cru dans le segment A. En 2013 (en moyenne), le lait des producteurs suisses a été distribué comme suit : segment A, 89 % ; segment B, 10.7 % ; segment C, 0.3 %.
3. *Un prélèvement obligatoire* : le 31 août 2011, le Conseil fédéral a approuvé la demande d'IP LAIT d'instaurer un prélèvement obligatoire de 0.01 CHF/kg sur les livraisons de lait par les non-membres de l'IP LAIT pour les mesures de décongestionnement du marché de la graisse de lait (en vigueur jusqu'au 30 avril 2013). Il s'agissait d'empêcher que des profiteurs compromettent le projet de l'IP LAIT de stabiliser le marché ; en Suisse, les non-membres de l'IP LAIT représentent environ 5 % du lait transformé. Le financement provenant des membres et des non-membres de l'IP LAIT, soit environ 65 millions CHF, a servi à soutenir les ventes sur le marché mondial de beurre et de poudre de lait en excédent (segment C non soutenu).

Depuis 2010, les contributions au soutien des prix des produits laitiers ne sont constituées que de paiements par tonne pour le lait transformé en fromage, et d'un paiement additionnel lorsque le lait est produit sans ensilage. En raison des mesures aux frontières, le prix payé aux producteurs laitiers reste en moyenne supérieur aux prix du marché mondial (mais il s'en rapproche).

Sucre : À partir de 1998, dans le cadre de l'*Ordonnance sur le sucre* 916.114.11, un régime de réglementation du sucre a été appliqué. Sous ce régime, les autorités fédérales (OFAG) passent un accord avec la *S.A. des Sucreries Aaberg et Frauenfeld – SAF* (une société regroupant les deux seules raffineries de sucre existant en Suisse) pour produire un minimum annuel de 150 000 tonnes de sucre à partir des betteraves récoltées en Suisse et pour négocier avec la Fédération des producteurs de betteraves à sucre les prix et les quantités que les producteurs fourniront à ces prix. La SAF reçoit une subvention annuelle pour le traitement des betteraves produites au niveau national. Le prix c.a.f. du sucre importé est pris en compte dans le calcul de la subvention pour chaque saison. Au 1er octobre 2009, la Loi sur le sucre a été abolie, ainsi que la subvention payée aux entreprises de transformation. Néanmoins, les quotas et les prix de la betterave continuent de faire l'objet d'un accord privé entre la SAF et la Fédération des producteurs de betteraves à sucre. En compensation pour les prix réduits de la betterave résultant de la réforme du marché du sucre dans l'UE (2006-09), un paiement à la superficie a été instauré en 2008 pour la betterave à sucre.

L'évolution des paiements directs

Comme cela a été indiqué précédemment, aucun changement significatif n'est intervenu dans le système des paiements directs. Outre l'instauration de paiements à la superficie pour la betterave sucrière (voir précédemment), un nouveau programme a été ajouté aux paiements directs écologiques en 2008. Un programme appelé *Utilisation durable des ressources agricoles* finance des projets sur 6 ans élaborés par les autorités locales dans le but d'améliorer l'utilisation des ressources naturelles dans des domaines spécifiques. Ces programmes sont cofinancés par le budget fédéral (maximum 80 % des coûts) et par les cantons (minimum 20 % des coûts).

Prochaine série de mesures PA 2014-17

La Suisse a adopté un nouveau cadre stratégique pour 2014-17 (*Politique agricole* 2014-2017). Les principaux objectifs sont les mêmes que pour la période précédente : sécurité alimentaire (maintenir l'autosuffisance au niveau actuel, d'environ 60 %), utilisation efficiente et durable des ressources naturelles, paysage culturel et aide aux régions les moins favorisées.

La réforme porte sur la réorganisation et l'ajustement du dispositif de *paiements directs*, visant à améliorer l'efficience et l'efficacité des mesures, et sur la mise en place d'un système de paiements directs lié aux divers objectifs. Le principal changement est la suppression des paiements généraux à la superficie et la réaffectation des paiements plus étroitement liés à des objectifs spécifiques (pratiques agricoles), complétée par un système de paiements de transition pour rendre la réforme socialement acceptable. Un autre changement important est le remplacement des paiements généraux par tête de ruminant par un paiement à la superficie pour les pâturages, sous condition d'une densité minimale d'élevage. Les règles d'éco-conditionnalité sont maintenues dans le nouveau système de paiements. Le montant global annuel budgété de ces paiements reste stable sur l'ensemble de la période, aux alentours de 2.8 milliards CHF, soit à peu près le même niveau qu'en 2012 et 2013.

Le dispositif de *paiements directs* révisé comporte sept catégories, qui sont liées à la réalisation d'objectifs stratégiques spécifiques et à la fourniture de biens publics :

1. **Les contributions à la sécurité de l'approvisionnement** (sécurité alimentaire) sont principalement des paiements à la superficie, à des taux différenciés selon qu'il s'agit de zones de plaine ou de zones de collines et de montagnes. Les contributions pour les conditions de production difficiles font aussi partie de cette catégorie.
2. **Les contributions au paysage cultivé** sont aussi des paiements à la superficie, dont la principale fonction est de permettre le maintien des formes extensives de production agricole là où les conditions pour le maintien d'un paysage cultivé sont particulièrement difficiles ;
3. **Les contributions à la biodiversité** sont des paiements plus orientés vers la production et ciblant des situations ou des pratiques agricoles spécifiques. En particulier, la qualité des surfaces de compensation écologique sera accrue, de façon à améliorer les habitats, ainsi que les possibilités de dispersion des espèces cibles et indicatrices en agriculture;
4. **Les contributions à la qualité du paysage** sont des paiements pour la préservation et la promotion de la diversité du paysage (rotation des cultures plus diversifiée, champs fleuris et pratiques agricoles traditionnelles) fondés sur des projets locaux et cofinancés par les cantons ;
5. **Les contributions aux systèmes de production** sont des paiements à la superficie et par tête destinés à encourager les systèmes de production écologiques et/ou respectueux des animaux (par exemple agriculture biologique).
6. **Les contributions à l'efficience des ressources** sont des paiements destinés à encourager l'utilisation de techniques de production spécifiques (par exemple certaines méthodes d'épandage des effluents, et des méthodes de conservation des sols comme la culture sans labour).
7. **Les contributions de transition** sont destinées aux agriculteurs qui souffrent d'une perte de paiements directs engendrée par le nouveau système. Ces paiements sont programmés pour décroître progressivement.

Ce système est complexe et chaque catégorie comporte plusieurs programmes. Ces programmes sont une combinaison des nouveaux programmes et des « anciens » programmes, c'est-à-dire ceux déjà mis en œuvre dans le cadre de la PA 2011. L'encadré 3.2 présente des informations plus détaillées sur les programmes pour les principales catégories de la PA 2014-17.

Encadré 3.2. **Système de paiements directs mis en place dans le cadre de la PA 2014-17**

1. Contributions à la sécurité de l'approvisionnement

- La *contribution de base* (nouveau) est un paiement général à la superficie qui remplace le paiement par tête de ruminant. Elle égalise le paiement pour les cultures arables et le paiement pour les pâturages (le système précédent privilégiait les surfaces de pâturage).
- La *contribution pour la production dans des conditions difficiles* (nouveau) est un paiement à la superficie accordé aux exploitations dans des conditions difficiles et remplace les paiements par tête pour les animaux élevés dans des conditions difficiles (par définition, ce paiement concerne les zones de montagnes et de collines).

Encadré 3.2. **Système de paiements directs mis en place dans le cadre de la PA 2014-17** *(suite)*

- La *contribution pour terres ouvertes et cultures pérennes* (nouveau) est une contribution supplémentaire à la superficie pour les cultures sur les terres arables et pour les cultures pérennes.

2. Contributions au paysage cultivé

- *Contribution au maintien d'un paysage ouvert (nouveau)*
- *Contribution pour terrains en pente (ancien)* : paiements à la superficie pour des conditions d'exploitation spécifiquement définies
- *Contribution pour surfaces en forte pente* (nouveau) : paiements à la superficie pour des conditions d'exploitation spécifiquement définies
- *Contribution pour surfaces viticoles en pente* (ancien) : paiements à la superficie
- *Contribution de mise à l'alpage* (nouveau)
- *Contribution d'estivage* (ancien)

3. Contributions à la biodiversité

- *Contribution à la qualité écologique niveau* 1 (ancien) : regroupe les paiements accordés dans le cadre des divers programmes liés à la compensation écologique dans le système précédent.
- *Contribution à la qualité écologique niveau* 2 (ancien) : correspond aux paiements accordés dans le cadre de la directive Qualité écologique dans le système précédent.
- *Contribution à la qualité écologique niveau* 3 (nouveau) : ces paiements seront accordés à compter de 2016 pour financer les projets répertoriés parmi les objets d'importance nationale.
- Contributions pour les surfaces de compensation écologique (ancien).
- Contribution de mise en réseau des surfaces avec une grande valeur pour la biodiversité (nouveau).

4. les contributions à la qualité du paysage;

- Des contributions à la qualité du paysage locaux de grande valeur (nouveau) : des projets mis en place par les Cantons et cofinancés par le budget fédéral et cantonal.

5. Contributions au système de production

- *Contribution pour l'agriculture biologique (ancien)*
- *Contribution pour la culture extensive de céréales et de colza (ancien)*
- *Contributions au bien-être des animaux : paiements i) pour les sorties régulières en plein air des animaux (ancien)* et ii) *pour les systèmes de stabulation respectueux des animaux (ancien)*
- *Contribution pour la production de lait et de viande basée sur les herbages* (nouveau) : paiements à la superficie fondés sur les herbages et subordonnés à une densité minimale de bétail et à une utilisation restreinte des aliments concentrés.

6. Contributions à l'utilisation efficiente des ressources

- *Contribution pour des techniques d'épandage diminuant les émissions (nouveau)*
- *Contribution pour des techniques culturales préservant le sol (nouveau)*
- *Contribution pour l'utilisation de techniques d'application précise des produits phytosanitaires (nouveau)*
- *Contribution à la protection de l'eau (art.62) (ancien)*
- *Contribution à l'utilisation durable des ressources (art.77a/b) (ancien)*

7. Contributions de transition (nouveau)

Soutien à l'agriculture

L'OCDE estime le niveau du soutien à l'agriculture dans tous les pays de l'OCDE et dans un ensemble de plus en plus grand d'économies émergentes qui sont des acteurs clés des marchés mondiaux. Les pays en question représentent au total 80 % de la valeur ajoutée de l'agriculture dans le monde. L'OCDE applique la méthodologie de l'estimation du soutien aux producteurs (ESP), qui fournit des informations cohérentes et comparables sur le niveau et la structure du soutien à l'agriculture.

En ce qui concerne la Suisse, les estimations du soutien sont calculées depuis 1986 et les données sont incluses dans la base de données des ESP et des ESC de l'OCDE. Cette section présente une évaluation de la façon dont les réformes mises en œuvre depuis le début des années 90 ont transformé le niveau et la structure du soutien, d'après les divers indicateurs de l'OCDE.

Le soutien dans son ensemble et sa structure

Le soutien total

D'après l'ESP, le niveau du soutien en Suisse, bien qu'il ait diminué progressivement par suite de la mise en œuvre des réformes lancées dans les années 90, reste un des plus élevés parmi les pays de l'OCDE. Au milieu des années 90, environ 70 % des recettes brutes des exploitations agricoles suisses provenaient de transferts publics, soit des consommateurs soit des contribuables, et cette part était devenue voisine de 50 % en 2011-13. La Suisse continue néanmoins d'afficher un niveau de soutien parmi les plus élevés, comme l'indique l'ESP en pourcentage, avec le Japon, la Corée du Sud et deux autres pays de l'AELE, la Norvège et l'Islande (graphique 3.4). Parmi les pays de l'OCDE, la Suisse se classe première pour la moyenne sur 1995-97 et troisième pour la moyenne 2011-13.

Graphique 3.4. **Estimation du soutien aux producteurs par pays, 1995-97 et 2011-13**

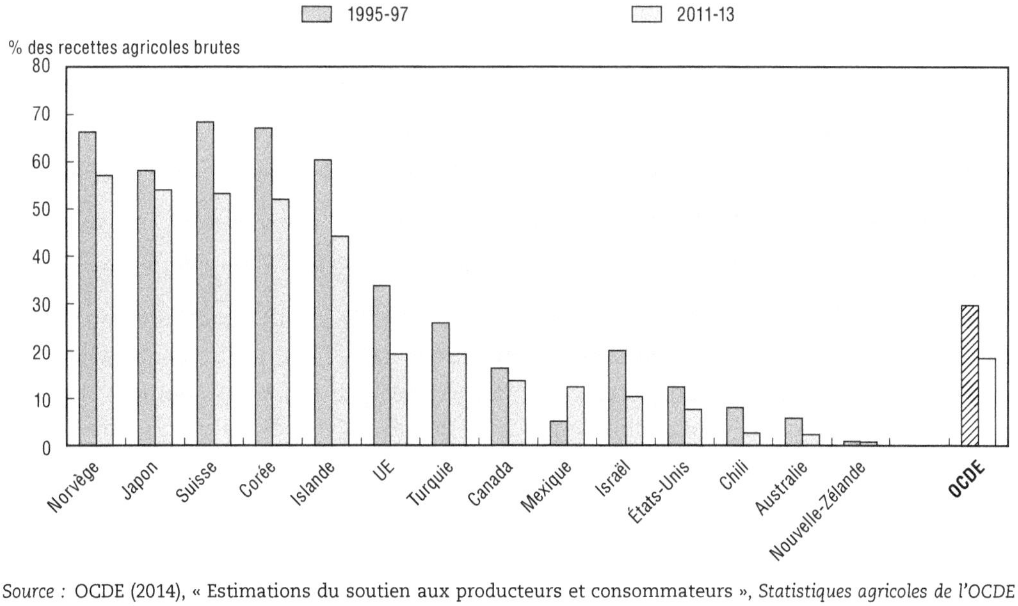

Source : OCDE (2014), « Estimations du soutien aux producteurs et consommateurs », *Statistiques agricoles de l'OCDE* (base de données).

Ce niveau de soutien mesuré en 2011-13 est aussi plus de deux fois plus élevé que dans l'Union européenne (UE), qui est la région du monde la plus proche et également le principal partenaire commercial de la Suisse pour les produits agroalimentaires. Il est aussi deux fois plus élevé que la moyenne OCDE (graphique 3.4).

Au cours de la période 1986-2013, le niveau du soutien présente une tendance à la baisse, de trois quarts des recettes agricoles brutes en 1986 à la moitié environ en 2013. Ses fluctuations annuelles dépendent principalement de l'évolution du soutien fondé sur la production de produits de base, et surtout du soutien des prix du marché qui reflète aussi les fluctuations des prix mondiaux et du taux de change (graphique 3.5).

Graphique 3.5. **Suisse : niveau et composition de l'Estimation du soutien aux producteurs selon le type de soutien, 1986-2013**

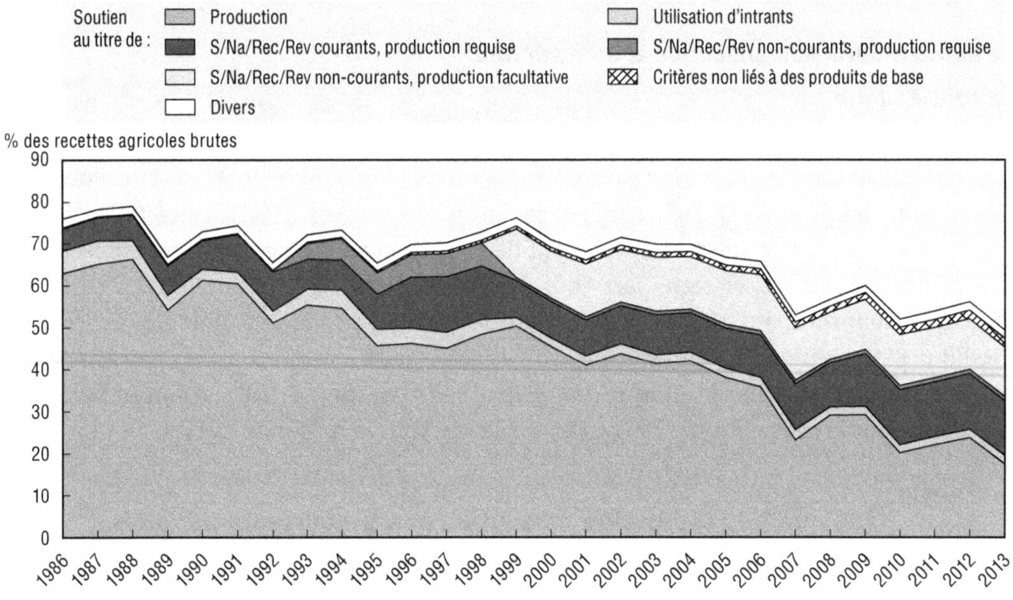

Source : OCDE (2014), « Estimations du soutien aux producteurs et consommateurs », *Statistiques agricoles de l'OCDE* (base de données).

L'évolution de la structure du soutien (davantage que son niveau) illustre la mise en œuvre des réformes depuis le début des années 90, décrite dans la section précédente de ce chapitre.

Le soutien selon les principales catégories de l'ESP

Soutien au titre de la production de produits de base (catégorie au bas du graphique 3.5) : cette catégorie représente le principal changement dans l'ESP, surtout imputable à la réduction continue du soutien des prix du marché (SPM) qui constitue l'élément essentiel du soutien fondé sur la production de produits de base. Cette évolution illustre bien la déréglementation du marché intérieur et la réduction des barrières tarifaires, qui ont entraîné une baisse des prix sur le marché intérieur. Les fluctuations annuelles du SPM dépendent essentiellement des fluctuations des prix sur le marché mondial et les taux de change et reflètent l'isolement des prix sur le marché intérieur par rapport à ces effets. Le seul élément important des paiements basés sur la production est la contribution pour le lait destiné à la production de fromage.

Paiements au titre de l'utilisation d'intrants : basés sur l'utilisation d'intrants variables et sur la formation de capital fixe, ils représentent une part du soutien relativement réduite et en diminution. Le principal élément du soutien au titre de l'utilisation d'intrants variables était la *réduction des prix des céréales fourragères*, une mesure progressivement limitée depuis 1994 et interrompue en 2000. L'autre élément important dans cette catégorie est la subvention au crédit d'investissement accordée aux agriculteurs sur l'ensemble de la période.

Paiements au titre des superficies/nombres d'animaux courants : ce type de paiement constitue toujours une partie assez importante du soutien global et, à la fin de la période étudiée, il représente environ un tiers du total. Cette catégorie réunit les paiements accordés par divers programmes appliqués dans le cadre de différentes réformes. Au cours de la période précédente, il s'agissait de primes de superficie pour le blé, les céréales secondaires, les oléagineux et les pommes de terre, et les paiements par animal pour les bovins sans production laitière et pour l'élevage en zones de montagnes. Le rôle des paiements par animal s'est accru au cours des années 1990 avec l'apparition des paiements généraux pour les ruminants et des paiements accordés dans le cadre des programmes pour le bien-être animal. Au cours de la période comprise entre 1993 et 1998, les paiements pour la production intégrée ont constitué une partie importante de cette catégorie.

Paiements basés sur des paramètres (superficie/nombre d'animaux /recettes/revenu) historiques (non-courants), production requise : cette catégorie est principalement constituée des paiements directs complémentaires appliqués au cours de la période 1993-98. De façon plus spécifique, cette catégorie inclut deux éléments de ces paiements, les contributions de base et les contributions supplémentaires. Les deux autres éléments, Contribution à la surface de base – terres arables et Contribution à la surface de base – prairies, entrent dans la catégorie Paiements au titre du nombre courant d'hectares et d'animaux.

Paiements basés sur des paramètres (superficie/nombre d'animaux /recettes/revenu) historiques (non-courants), production facultative : cette catégorie inclut uniquement le paiement général à la superficie mis en place en 1999 et qui a remplacé les paiements directs complémentaires (voir précédemment). Cependant, ce programme met en jeu une quantité importante de paiements et il représentait environ 30 % du soutien total en 2013.

Paiements selon des critères non liés à des produits de base : cette catégorie, bien qu'en expansion, reste relativement marginale dans le soutien global. Elle comporte des paiements relevant de programmes comme les paiements écologiques, notamment les suivants : prairies extensives, jachère florale, bandes culturales extensives, haies et bosquets rustiques, et grands arbres fruitiers. Elle comporte aussi les paiements pour la contribution à la qualité environnementale.

Caractéristiques des mesures de soutien

Spécificité produit

Les étiquettes incluses dans la base de données des ESP fournissent aussi des informations sur la spécificité produit de chaque programme de soutien, dans le sens où elles permettent de savoir quels paiements sont spécifiques à un produit, et à quel produit. Dans cette partie, l'analyse illustre surtout l'effet de la déréglementation du marché (achevée en 1999) et la réduction des barrières tarifaires au cours de la dernière période. Les politiques mises en œuvre consistant à remettre en cause le soutien des prix du marché et les paiements spécifiques aux produits de base au profit de paiements plus généraux, la part des paiements pour des produits spécifiques – les transferts au titre d'un seul produit (TSP) – s'est réduite, passant de 86 % du soutien total en 1986-88 à 69 % en 1995-97 et à 40 % en 2011-13 (graphique 3.6).

Graphique 3.6. **Transferts au titre d'un seul produit, par produit**

En pourcentage des recettes agricoles brutes du produit

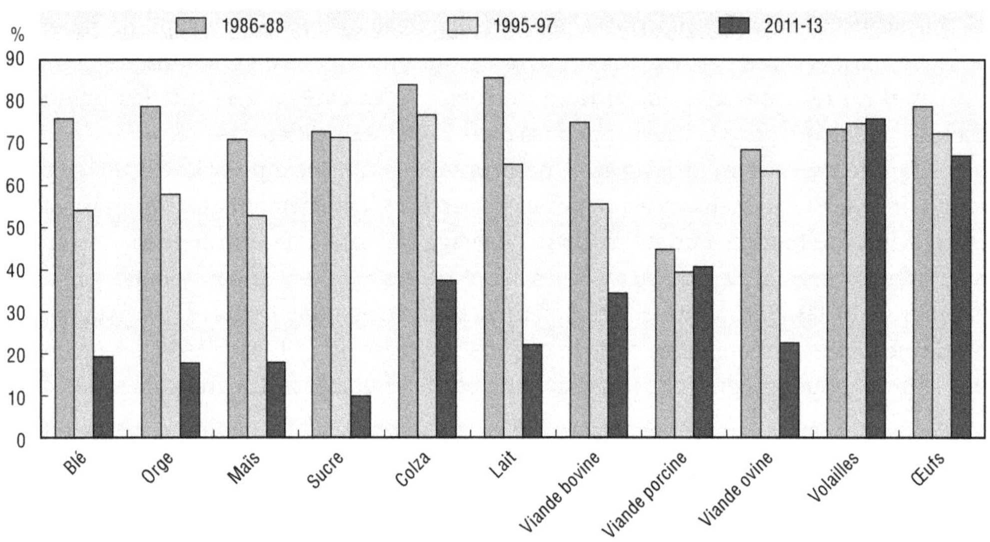

Source : OCDE (2014), « Estimations du soutien aux producteurs et consommateurs », *Statistiques agricoles de l'OCDE* (base de données).

Les principaux indicateurs qui fournissent des informations concernant des produits de base spécifiques sont les suivants :

1. *TSP en pourcentage* – indique la part du transfert au titre d'un seul produit dans les recettes agricoles brutes par produit pour le produit concerné.
2. *Coefficient nominal de protection des producteurs (CNP des producteurs)* : rapport entre le prix moyen perçu par les producteurs (au départ de l'exploitation), y compris les paiements par tonne effectivement produite, et le prix à la frontière (mesuré au départ de l'exploitation).
3. *Coefficient nominal de soutien aux producteurs (CNS aux producteurs)* : rapport entre la valeur des recettes agricoles brutes, y compris le soutien et les recettes agricoles brutes (au départ de l'exploitation) évalués aux prix à la frontière (mesurés au départ de l'exploitation).
4. *Coefficient nominal de protection des consommateurs (CNP des consommateurs)* : rapport entre le prix moyen acquitté par les consommateurs (au départ de l'exploitation) et le prix à la frontière (mesuré au départ de l'exploitation). Le CNP des consommateurs est également calculé par produit.
5. *Coefficient nominal de soutien aux consommateurs (CNS aux consommateurs)* : rapport entre la valeur des dépenses consacrées à la consommation de produits agricoles (au départ de l'exploitation) et leur valeur aux prix à la frontière.

L'analyse de ces indicateurs montre que le soutien spécifique aux produits a largement diminué, en raison principalement d'une réduction substantielle des prix sur le marché intérieur et de la réduction résultante de l'écart de prix entre le marché intérieur et le marché mondial. Dans les années 1980, les prix sur le marché intérieur étaient en moyenne 4.5 fois plus élevés que les prix sur le marché mondial et les TSP représentaient environ 70 à 80 % des recettes brutes des exploitations pour le produit spécifique. Au milieu des années 90, l'écart de prix et la part des TSP dans les recettes totales se sont réduits, exception faite des volailles et des œufs. Cette tendance se poursuit au cours de la période suivante, et ces dernières années (2011-13) les prix se sont beaucoup rapprochés des niveaux de prix du marché mondial. Le CNP moyen en 1.4 indique que les prix sont en moyenne supérieurs de 40 % aux prix sur le marché mondial (graphique 3.7), mais avec des différences considérables d'un produit à un autre. Les graphiques 3.6 et 3.8 et le tableau annexe 3.A1.2 donnent une vue d'ensemble détaillée des TSP en pourcentage et de la CNP du producteur par produit.

Graphique 3.7. **Coefficient nominal de protection du producteur (CNPP) et Coefficient nominal de soutien du producteur (CNSP), 1986-2013**

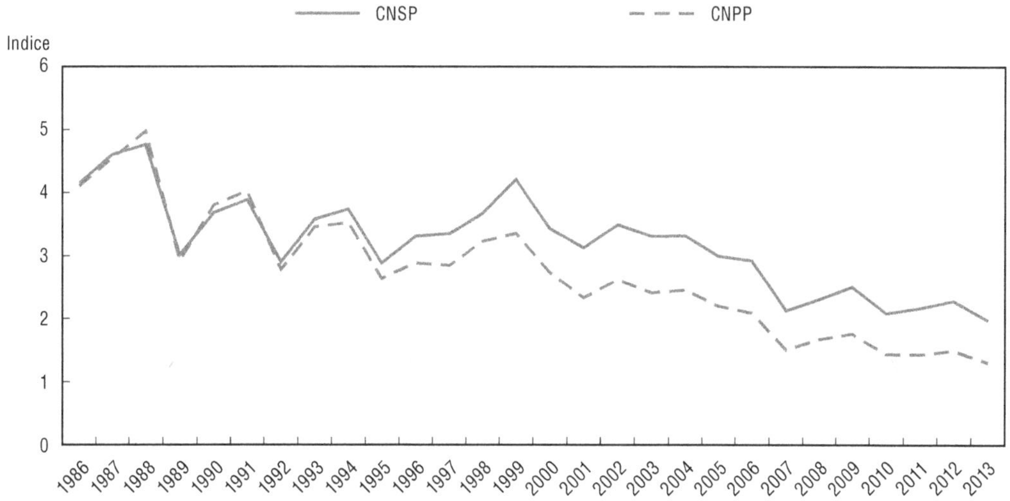

Source : OCDE (2014), « Estimations du soutien aux producteurs et consommateurs », *Statistiques agricoles de l'OCDE* (base de données).

De façon similaire, l'évolution du CNP du consommateur fait apparaître une réduction de l'écart de prix au consommateur mesuré au départ de l'exploitation, ce qui indique une réduction de la taxation implicite des consommateurs. Une vue d'ensemble détaillée du CNP du consommateur par produit est présentée dans le tableau annexe 3.A1.3.

Formes de soutien causant des distorsions de la production et des échanges

Un autre angle d'analyse important consiste à chercher dans quelle mesure les mesures appliquées ont un effet de distorsion sur la production et les échanges. Dans la classification ESP, les paiements fondés sur la production (y compris le SPM) et les paiements fondés sur l'utilisation d'intrants variables (sans contraintes) sont considérés comme ceux présentant le lien le plus étroit avec les décisions des producteurs, et donc les plus susceptibles d'entraîner des distorsions de la production et des échanges.

Dans l'ensemble de mesures prises par la Suisse, ces mesures sont principalement le soutien des prix du marché et les paiements fondés sur la production pour le lait destiné à l'industrie fromagère. Compte tenu d'une réduction significative du SPM par rapport aux niveaux élevés des années 80, la part des mesures entraînant les plus graves distorsions

Graphique 3.8. **Coefficient nominal de protection du producteur par produit**

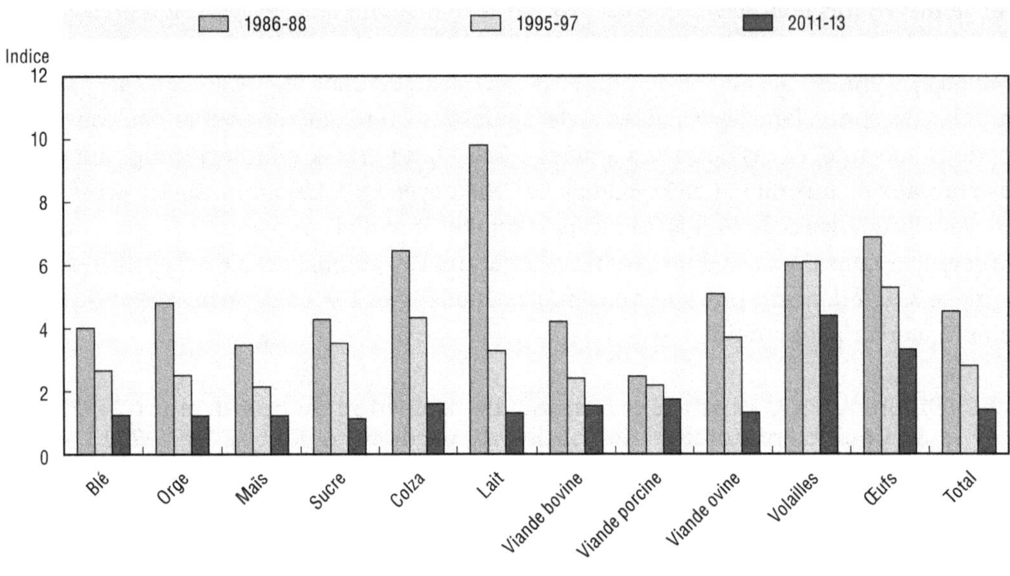

Source : OCDE (2014), « Estimations du soutien aux producteurs et consommateurs », *Statistiques agricoles de l'OCDE* (base de données).

dans la production et les échanges a été progressivement réduite (graphique 3.9). La part des formes de soutien les plus susceptibles d'entraîner des distorsions dans le soutien total aux producteurs représentait 89 % en 1986-88, 69 % en 1995-97 et 41 % en 2011-13.

Graphique 3.9. **Part des formes de soutien entraînant le plus de distorsions de la production et des échanges dans l'ESP**

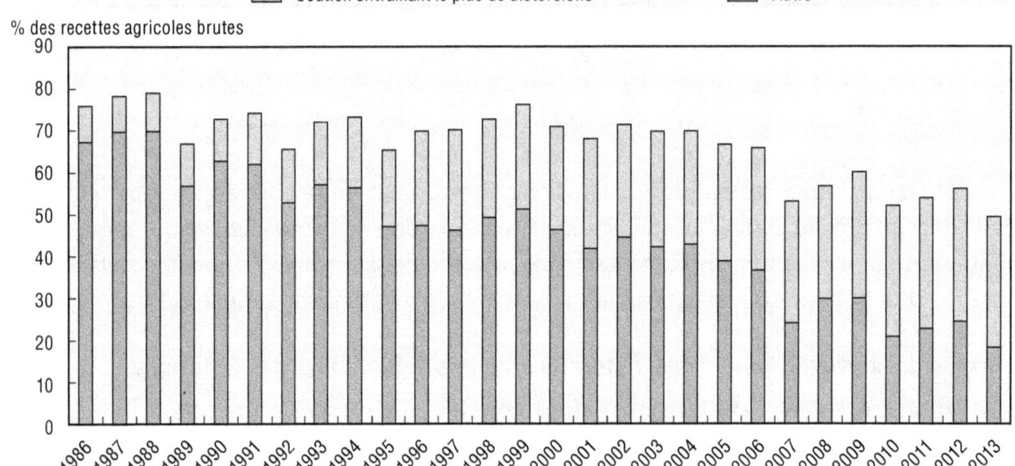

Source : OCDE (2014), « Estimations du soutien aux producteurs et consommateurs », *Statistiques agricoles de l'OCDE* (base de données).

Soutien axé sur les problèmes d'environnement et de bien-être animal

Les réformes de la politique agricole entamées en 1993 ont introduit les paiements directs écologiques, une série de paiements perçus par les agriculteurs pour l'application, à titre volontaire, de normes relatives à l'environnement et au bien-être animal supérieures à celles imposées par la réglementation. Si ces paiements ne représentent qu'une faible part du total des paiements directs, ils présentent cependant une tendance à la hausse et leur part dans le total des paiements et dans le soutien total est en augmentation (graphique 3.10). Il convient de noter que les contributions au bien-être animal atteignent presque le niveau des contributions agroenvironnementales. Les contributions au bien-être animal étant des paiements par tête de bétail, leur incidence sur les décisions de production est plus forte que pour la plupart des paiements agroenvironnementaux.

Graphique 3.10. **Part des contributions à la protection de l'environnement et au bien-être animal dans le total des paiements**

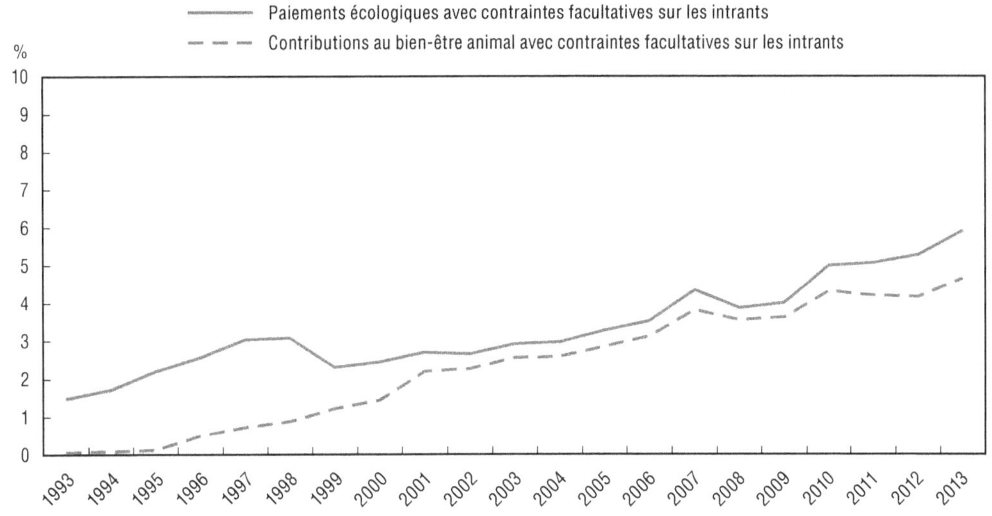

Source : OCDE (2014), « Estimations du soutien aux producteurs et consommateurs », *Statistiques agricoles de l'OCDE* (base de données).

L'estimation du soutien aux services d'intérêt général et l'estimation du soutien total

Contrairement à l'ESP, qui est un indicateur des transferts directs vers les exploitations agricoles, l'estimation du soutien aux services d'intérêt général (ESSG) reflète les dépenses publiques qui contribuent à créer les conditions favorables pour le secteur agricole primaire par le biais de la création de services privés ou publics, d'institutions et d'infrastructures. Les transferts ESSG n'altèrent pas directement les recettes et les coûts des producteurs ni les dépenses de consommation, mais avec le temps, ils peuvent affecter indirectement la production ou la consommation de produits de l'agriculture. Les dépenses ESSG incluent généralement le financement d'activités comme le système de connaissances et d'information agricoles, l'inspection et le contrôle, le développement et l'entretien des infrastructures, les activités de commercialisation et de promotion, etc.

En termes nominaux, la dépense ESSG a enregistré une tendance à la baisse au cours de la période 1986-2013. La dépense annuelle est passée de 677 millions CHF en 1986-88 à 590 millions CHF en 1995-97 et à 500 millions CHF en 2011-13. Cependant, en proportion de l'estimation du soutien total (EST), l'ESSG enregistre une tendance à la hausse, surtout à partir du milieu des années quatre-vingt-dix. C'est la conséquence d'une réduction de l'ESP, dont le rythme a été plus accentué que celui de la réduction de l'ESSG. Entre 1986-88 et 1995-97, la part de l'ESSG dans l'EST a été stable, aux environs de 6.5 %. Au cours de la période suivante, elle a augmenté et atteint 8.6 % en 2011-13 (graphique 3.11, tableau annexe 3.A1.1).

Graphique 3.11. **Niveau et structure de l'estimation du soutien aux services d'intérêt général**

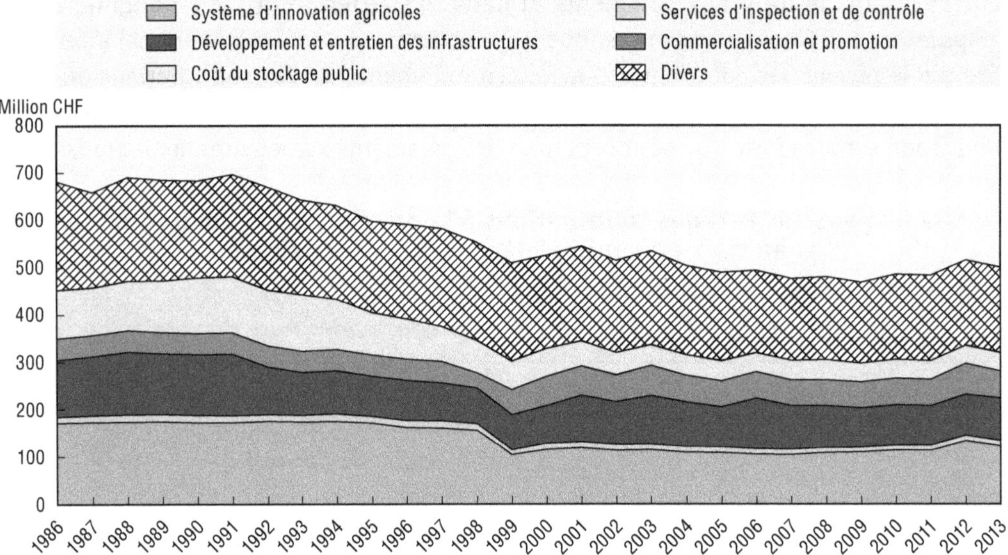

Source : OCDE (2014), « Estimations du soutien aux producteurs et consommateurs », *Statistiques agricoles de l'OCDE* (base de données).

Concernant les principales catégories de l'ESSG, une réduction des dépenses publiques a été observée dans toutes les catégories sauf la commercialisation et la promotion. La baisse la plus marquée a été observée dans la catégorie Coûts du stockage public, ce qui est lié à l'interruption du système d'intervention massive au cours des années 1990.

L'estimation du soutien total (EST) regroupe les transferts au sein de l'ESP, la dépense ESSG et les paiements budgétaires éventuels aux consommateurs. En valeurs nominales, l'EST enregistre une tendance à la baisse au cours de la période 1986-2013. La dépense annuelle est passée de 10.3 milliards CHF en 1986-88 à 9 milliards CHF en 1995-97 et à 5.8 milliards CHF en 2011-13. En valeurs relatives, l'EST est exprimée en pourcentage du PIB pour indiquer la charge relative pour l'économie. En ces termes relatifs, la baisse de l'EST est plus prononcée, de 3.7 % en 1986-88 à 2.3 % en 1995-97 et à 1 % en 2011-13 (tableau annexe 3.A1.1). Cependant, le principal déterminant de cet indicateur relatif a été non pas la réduction de l'EST elle-même, mais le développement dynamique du reste de l'économie, et plus particulièrement du secteur des services.

ANNEXE 3.A1

Indicateurs détaillés du soutien à l'agriculture

Tableau 3.A1.1. **Suisse : estimation du soutien à l'agriculture**

Million CHF

	1986-88	1995-97	2011-13	2011	2012	2013p
Valeur totale de la production (en sortie de l'exploitation)	9 482	8 236	6 521	6 586	6 404	6 574
dont : part des produits SPM (%)	81.5	82.3	69.9	71.2	71.4	67.1
Valeur totale de la consommation (en sortie de l'exploitation)	11 394	9 557	7 899	7 902	7 746	8 048
Estimation du soutien aux producteurs (ESP)	8 509	7 362	5 330	5 442	5 566	4 983
Soutien au titre de la production des produits de base	7 091	4 918	2 118	2 230	2 356	1 769
Soutien des prix du marché[1]	7 049	4 835	1 822	1 938	2 058	1 470
Paiements au titre de la production	42	83	296	292	298	299
Paiements au titre de l'utilisation d'intrants	563	411	201	198	201	203
Utilisation d'intrantsvariables	454	309	81	81	81	81
avec contraintes sur les intrants	0	180	14	14	13	14
Formation de capital fixe	72	78	119	116	119	121
avec contraintes sur les intrants	0	0	0	0	0	0
Services utilisés sur l'exploitation	36	25	1	1	1	1
avec contraintes sur les intrants	0	0	0	0	0	0
Paiements au titre des S/Na/Rec/Rev courants, production requise	612	1 203	1 310	1 309	1 310	1 311
Au titre des recettes/du revenu	15	0			0	0
Au titre de la superficie cultivée/du nombre d'animaux	597	1 203	1 310	1 309	1 310	1 311
avec contraintes sur les intrants	340	1 050	1 299	1 297	1 299	1 299
Paiements au titre des S/Na/Rec/Rev non courants, production requise	28	569	102	102	102	102
Paiements au titre des S/Na/Rec/Rev non courants, production facultative	0	0	1 203	1 218	1 195	1 195
Avec taux de paiement variables	0	0	0	0	0	0
avec exceptions sur les produits	0	0	0	0	0	0
Avec taux de paiement fixes	0	0	1 203	1 218	1 195	1 195
avec exceptions sur les produits	0	0	0	0	0	0
Paiements sur critères non liés à des produits de base	0	61	200	190	205	206
Retrait de ressources à long terme	0	0	0	0	0	0
Production de produits particuliers autres que des produits de base	0	61	200	190	205	206
Autres critères non liés à des produits de base	0	0	0	0	0	0
Paiements divers	216	200	197	196	198	198
ESP en pourcentage (%)	77.7	68.4	53.2	53.9	56.2	49.4
CNP des producteurs (coeff.)	4.54	2.79	1.41	1.44	1.49	1.30
CNS aux producteurs (coeff.)	4.51	3.18	2.14	2.17	2.28	1.98
Estimation du soutien aux services d'intérêt général (ESSG)[2]	677	590	499	483	515	500
Système de connaissances et d'innovation agricoles	173	164	123	114	133	123
Services d'inspection et de contrôle	14	15	11	11	11	11
Développement et entretien des infrastructures	126	83	87	83	87	90
Commercialisation et promotion	45	45	59	55	65	57
Coût du stockage public	103	83	39	40	38	39
Divers	216	200	180	180	180	180
ESSG en pourcentage (% de l'EST)	6.6	6.5	8.6	8.1	8.5	9.1
Estimation du soutien aux consommateurs (ESC)	-7 535	-4 994	-2 133	-2 260	-2 345	-1 792
Transferts des consommateurs aux producteurs	-7 088	-5 053	-1 660	-1 784	-1 895	-1 301
Autres transferts des consommateurs	-1 767	-1 221	-497	-499	-478	-514
Transferts des contribuables aux consommateurs	1 099	1 053	7	5	4	11
Surcoût de l'alimentation animale	221	227	17	18	23	11
ESC en poucentage (%)	-73.1	-58.7	-27.1	-28.6	-30.3	-22.3
CNP des consommateurs (coeff.)	4.50	2.91	1.38	1.41	1.44	1.29
CNS aux consommateurs (coeff.)	3.74	2.42	1.37	1.40	1.43	1.29
Estimation du soutien total (EST)	10 285	9 005	5 836	5 930	6 085	5 494
Transferts des consommateurs	8 855	6 274	2 157	2 283	2 373	1 815
Transferts des contribuables	3 197	3 952	4 177	4 146	4 190	4 194
Recettes budgétaires	-1 767	-1 221	-497	-499	-478	-514
EST en pourcentage (% du PIB)	3.7	2.3	1.0	1.0	1.0	0.9
Déflateur du PIB (1986-88 = 100)	100	125	143	142	143	143

Notes :

p : prévisionnel.

CNP : Coefficient nominal de protection.

CNS : Coefficient nominal de soutien.

S/Na/Rec/Rev : Superficies cultivées/Nombre d'animaux/Recettes/Revenus.

1. Le soutien des prix du marché (SPM) is net des prélèvements sur les prix et du surcoût de l'alimentation animale. Les produits SPM pour la Suisse sont: blé, maïs, orge, colza, sucre, lait, bovins, ovins, porcins, volailles et œufs.

Source : OCDE (2014), « Estimations du soutien aux producteurs et aux consommateurs », *Statistiques agricoles de l'OCDE* (base de données).

Tableau 3.A1.2. **Suisse : transferts au titre d'un seul produit aux producteurs**

Million CHF

	1986-88	1995-97	2011-13	2011	2012	2013p
TOTAL						
ESP (million CHF)	8 509	7 362	5 330	5 442	5 566	4 983
TSP aux producteurs (million CHF)	7 294	5 073	2 130	2 241	2 367	1 781
Part du TSP aux producteurs dans l'ESP (%)	85.7	69.0	39.8	41.2	42.5	35.7
Blé						
TSP aux producteurs (million CHF)	417	333	48	46	58	39
TSP en pourcentage (%)	76.0	54.1	19.3	17.2	23.1	17.5
CNP des producteurs (coeff.)	4.02	2.66	1.24	1.21	1.30	1.21
Maïs						
TSP aux producteurs (million CHF)	102	63	9	8	13	7
TSP en pourcentage (%)	70.9	52.8	17.9	15.2	23.7	14.8
CNP des producteurs (coeff.)	3.46	2.13	1.22	1.18	1.31	1.17
Orge						
TSP aux producteurs (million CHF)	153	102	11	10	14	9
TSP en pourcentage (%)	78.9	57.9	17.8	15.0	22.7	15.6
CNP des producteurs (coeff.)	4.80	2.50	1.22	1.18	1.29	1.19
Colza						
TSP aux producteurs (million CHF)	80	57	23	25	21	24
TSP en pourcentage (%)	83.9	76.8	37.3	36.7	34.6	40.7
CNP des producteurs (coeff.)	6.45	4.32	1.60	1.58	1.53	1.69
Sucre						
TSP aux producteurs (million CHF)	95	111	12	8	7	20
TSP en pourcentage (%)	72.9	71.4	9.9	5.4	5.3	19.1
CNP des producteurs (coeff.)	4.28	3.51	1.12	1.06	1.06	1.24
Lait						
TSP aux producteurs (million CHF)	2 775	2,132	468	479	634	292
TSP en pourcentage (%)	85.7	65.0	22.1	22.0	30.2	14.1
CNP des producteurs (coeff.)	9.80	3.27	1.30	1.29	1.45	1.17
Viande bovine						
TSP aux producteurs (million CHF)	1 312	646	398	449	405	340
TSP en pourcentage (%)	75.0	55.5	34.3	38.4	35.0	29.3
CNP des producteurs (coeff.)	4.21	2.40	1.53	1.63	1.54	1.42
Viande ovine						
TSP aux producteurs (million CHF)	36	42	9	5	9	12
TSP en pourcentage (%)	68.5	63.4	22.6	13.1	23.9	30.8
CNP des producteurs (coeff.)	5.08	3.70	1.31	1.16	1.32	1.45
Viande porcine						
TSP aux producteurs (million CHF)	717	458	352	391	363	301
TSP en pourcentage (%)	44.8	39.4	40.7	44.3	41.1	36.6
CNP des producteurs (coeff.)	2.45	2.17	1.73	1.83	1.75	1.60
Volaille						
TSP aux producteurs (million CHF)	112	133	122	118	124	124
TSP en pourcentage (%)	73.5	74.9	75.9	76.6	75.9	75.1
CNP des producteurs (coeff.)	6.08	6.10	4.38	4.55	4.45	4.15
Œufs						
TSP aux producteurs (million CHF)	185	135	123	134	117	117
TSP en pourcentage (%)	78.9	72.4	67.1	73.6	63.6	63.9
CNP des producteurs (coeff.)	6.87	5.28	3.32	4.10	2.97	2.88
Autres produits[1]						
TSP aux producteurs (million CHF)	1 310	862	555	569	601	495
TSP en pourcentage (%)	82.0	65.9	32.0	33.6	37.1	25.3
CNP des producteurs (coeff.)	4.50	2.90	1.27	1.30	1.34	1.18

Notes :

p : prévisionnel.

TSP : Transferts au titre d'un seul produit.

ESP : Estimation du soutien aux producteurs.

CNP : Coefficient nominal de protection.

1. TSP des producteurs pour d'autres productions : TSP total des producteurs moins les TSPs des producteurs pour les productions cités ci-dessus.

Source : OCDE (2014), « Estimations du soutien aux producteurs et aux consommateurs », *Statistiques agricoles de l'OCDE* (base de données).

Tableau 3.A1.3. **Suisse : transferts au titre d'un seul produit aux consommateurs**

Million CHF

	1986-88	1995-97	2011-13	2011	2012	2013p
TOTAL						
ESC (million CHF)	-7 535	-4 994	-2 133	-2 260	-2 345	-1 792
TSP aux consommateurs (million CHF)	-7 749	-5 115	-2 136	-2 263	-2 348	-1 796
Blé						
TSP aux consommateurs (million CHF)	-538	-399	-87	-75	-104	-82
CNP des consommateurs (coeff.)	4.02	3.10	1.24	1.21	1.30	1.21
Maïs						
TSP aux consommateurs (million CHF)	-139	-32	-12	-10	-16	-11
CNP des consommateurs (coeff.)	3.46	2.13	1.22	1.18	1.31	1.17
Orge						
TSP aux consommateurs (million CHF)	-207	-44	-11	-9	-13	-12
CNP des consommateurs (coeff.)	4.80	2.50	1.22	1.18	1.29	1.19
Colza						
TSP aux consommateurs (million CHF)	-313	-252	-132	-134	-123	-139
CNP des consommateurs (coeff.)	6.45	4.32	1.60	1.58	1.53	1.69
Sucre						
TSP aux consommateurs (million CHF)	-143	-146	-17	-9	-10	-33
CNP des consommateurs (coeff.)	4.51	3.51	1.12	1.06	1.06	1.24
Lait						
TSP aux consommateurs (million CHF)	-1 900	-1 102	-175	-189	-336	0
CNP des consommateurs (coeff.)	9.85	3.27	1.12	1.12	1.24	1.00
Viande bovine						
TSP aux consommateurs (million CHF)	-1 382	-712	-442	-502	-448	-375
CNP des consommateurs (coeff.)	4.21	2.40	1.53	1.63	1.54	1.42
Viande ovine						
TSP aux consommateurs (million CHF)	-106	-102	-20	-11	-21	-27
CNP des consommateurs (coeff.)	5.08	3.70	1.31	1.16	1.32	1.45
Viande porcine						
TSP aux consommateurs (million CHF)	-908	-651	-373	-417	-386	-317
CNP des consommateurs (coeff.)	2.45	2.17	1.73	1.83	1.75	1.60
Volaille						
TSP aux consommateurs (million CHF)	-301	-298	-237	-236	-239	-234
CNP des consommateurs (coeff.)	6.08	6.10	4.38	4.55	4.45	4.15
Œufs						
TSP aux consommateurs (million CHF)	-399	-299	-235	-261	-224	-220
CNP des consommateurs (coeff.)	6.87	5.28	3.32	4.10	2.97	2.88
Autres produits[1]						
TSP aux consommateurs (million CHF)	-1 414	-1 079	-395	-409	-427	-349
CNP des consommateurs (coeff.)	4.34	2.99	1.25	1.27	1.30	1.18

Notes :

p : prévisionnel.

TSP: Transferts au titre d'un seul produit.

ESC: Estimation du soutien aux consommateurs.

CNP: Coefficient nominal de protection.

1. TSP des consommateurs pour d'autres productions : TSP total des consommateurs moins les TSPs des consommateurs pour les productions cités ci-dessus.

Source : OCDE (2014), « Estimations du soutien aux producteurs et aux consommateurs », *Statistiques agricoles de l'OCDE* (base de données).

Chapitre 4

Impact des réformes de la politique suisse sur les performances économique et environnementale de l'agriculture

Ce chapitre évalue l'incidence des réformes de la politique agricole suisse sur les performances économiques et environnementales de l'agriculture. Le modèle d'évaluation des politiques (MEP) de l'OCDE a été utilisé pour étudier les répercussions sur la production, les échanges et le revenu agricole. Ce chapitre vise également à évaluer les impacts environnementaux des réformes, notamment en termes de bilans des éléments nutritifs, d'émissions de gaz à effet de serre et de biodiversité, en recourant aux indicateurs environnementaux de l'OCDE et à d'autres sources de données. Compte tenu de l'importance que la politique agricole attribue aux objectifs de durabilité et d'entretien du paysage, cette étude recourt en outre au MEP pour évaluer les impacts environnementaux de la politique agricole et agroenvironnementale, en tenant compte de l'hétérogénéité spatiale.

Évaluation des réformes passées de la politique agricole en Suisse

Les réformes progressives qui ont été menées sans discontinuer depuis le début des années 90 se sont traduites par une baisse du soutien des prix du marché, compensée par des paiements directs complémentaires aux agriculteurs. Dans le même temps, des mesures ont été prises pour améliorer la performance environnementale de l'agriculture, comme par exemple la mise en place d'une réglementation ainsi que d'un système de conditionnalité pour le versement des paiements directs et des aides spécialement axées sur le respect de l'environnement. Afin d'évaluer les impacts économiques et environnementaux de la réduction et de la réorientation du soutien à l'agriculture, le présent chapitre dissocie les effets des nouvelles mesures qui sont prises des facteurs exogènes qui ont eu un impact sur le secteur au cours des vingt dernières années. L'analyse met en évidence les effets des aides publiques, qui ont profondément modifié le volume et la structure de la production – encourageant la pratique de l'élevage dans les régions de montagne et diminuant la rentabilité des cultures dans les régions de plaine –, ainsi que les répercussions concomitantes sur l'environnement.

Pour isoler les effets des actions publiques, l'analyse utilise le modèle d'évaluation des politiques (MEP) de l'OCDE (voir l'encadré 4.1). Le module suisse du MEP a été complété de deux manières. D'une part, dans la mesure où les caractéristiques de la production et la conception des politiques publiques sont très étroitement liées aux conditions géographiques des pratiques agricoles, trois régions sont prises en compte : de plaine, des collines et de montagne[1]. D'autre part, le module suisse inclut les principaux indicateurs de performance environnementale.

Encadré 4.1. **Le modèle d'évaluation des politiques de l'OCDE**

Le modèle d'évaluation des politiques (MEP) a été élaboré par l'OCDE afin de relier les informations de la base de données des ESP à des résultats économiques donnés. Il a pour but de compléter les informations de cette base de données par une structure économique de base assortie de données, en vue de donner des représentations agrégées de six pays (Canada, Corée, États-Unis, Japon, Mexique et Suisse) et d'une région de l'OCDE (cette région étant l'Union européenne, composée de deux zones de production, l'UE15 et l'UE12).

Le MEP donne une vue statique, fondée sur un équilibre partiel, de l'impact des politiques agricoles, en intégrant des élasticités visant à représenter un ajustement à moyen terme d'environ cinq ans. Le MEP modélise la production de blé, de céréales secondaires, de graines oléagineuses, de riz, de lait et de viande bovine, issue d'une combinaison de facteurs de production appartenant à l'exploitation et d'intrants achetés.

Le MEP est un modèle dit « de déplacement d'équilibre » : il est calibré de telle manière que, pour chaque année, tous les marchés soient en équilibre, compte tenu des données observées sur les prix, les quantités et le soutien. Les simulations de politiques viennent perturber cet équilibre en produisant un choc au niveau du soutien apporté dans une ou plusieurs catégories de l'ESP. Le modèle est ensuite résolu par la détermination d'un nouve

Encadré 4.1. **Le modèle d'évaluation des politiques de l'OCDE** *(suite)*

équilibre économique post-choc. Les résultats font l'objet d'une interprétation comparative statique. Le modèle peut être appliqué à toute la période couverte par la base de données du MEP (1986-2012) ou à une seule année. Lorsqu'il est appliqué à toutes les années, le modèle indique pour chacune d'elles l'impact des politiques considérées sur différents éléments économiques. Il ne s'agit nullement d'une simulation dynamique de l'évolution des marchés au cours de la période considérée. Il est donc possible, à l'aide de cet outil, d'estimer l'impact à moyen terme de la politique considérée, pour chaque année, et de voir comment celui-ci varie au fil du temps face à l'évolution des mesures et de la situation économique globale.

Les politiques simulées dans le MEP sont conformes à la classification de l'ESP. Chacune des formes de soutien définies dans cette classification est considérée dans le modèle avec une « incidence initiale » distincte sur les prix d'incitation des consommateurs et des producteurs. Le but du modèle est de représenter l'incidence des mesures de soutien de la même manière que cette incidence est impliquée par la classification des mesures de soutien pour les ESP. Ainsi, les paiements au titre de l'utilisation d'intrants variables sont représentés comme un écart entre les prix d'offre et de demande des intrants, les paiements au titre des superficies comme un écart entre les prix d'offre et de demande des terres, et ainsi de suite. Les paiements non assortis d'exigences de production ainsi que les autres paiements aux critères d'admissibilité larges sont modélisés de telle sorte que les écarts de prix induisent une augmentation uniforme des prix d'approvisionnement. Ces politiques n'affectent donc pas le choix relatif entre les produits et les usages des terres admissibles.

Dans le cadre du projet d'évaluation des réformes de la politique agricole en Suisse, le module suisse du MEP est adapté en tenant compte de trois zones géographiques différentes (de plaine, des collines et de montagne) et en utilisant une sélection d'indicateurs de performance environnementale. Les marchés de la production et ceux des intrants achetés sont toujours parfaitement intégrés en Suisse. Toutefois, pour représenter la structure de la production dans chaque région, le nouveau module suisse part de l'hypothèse que certains marchés d'intrants sont typiquement régionaux (comme par exemple la terre, le cheptel bovin et d'autres ressources appartenant aux exploitations). La représentation régionale et l'évaluation environnementale résultant de l'application du MEP adapté à la Suisse sont fournies dans le document technique *TAD/CA/APM/WP(2014)28FINAL.*

Pour plus d'informations sur le MEP, voir « Tendances à long terme des performances des politiques » (Martini, 2011).

Périodes distinctes des réformes

L'évaluation des réformes de la politique agricole menées en Suisse au cours des vingt dernières années est structurée en cinq périodes distinctes correspondant au séquençage de ces réformes. Ces périodes, définies en fonction des grands axes de l'action publique, sont les suivantes[2] :

1988-92 : *Période de pré-réforme*

- Le soutien des prix du marché représente environ 90 % du soutien aux producteurs.
- Paiements au titre de l'utilisation d'intrants, au titre de la superficie et par tête de bétail versés pour certains produits.

1993-98 : *Première période de réforme (Art.31a et 31b de l'ancienne loi sur l'agriculture)*

- Le système des restrictions quantitatives sur les échanges est remplacé par des contingents tarifaires.
- Les prix garantis et la maîtrise de l'offre commencent à être déréglementés.
- Des paiements à la surface calculés en fonction de la zone de production courante sont mis en place, entraînant une augmentation du pourcentage des paiements dans le soutien aux producteurs.
- Le niveau de l'ESP diminue légèrement.

1999-2003 : *Deuxième période de réforme (PA 2002)*

- Toutes les dispositions concernant les prix garantis et les marges de transformation fixes sont supprimées.
- Réforme du système des paiements directs : une grande partie des paiements directs sont abandonnés au profit de paiements au titre de la superficie non courante.
- Mise en place du principe d'écoconditionnalité.
- Baisse sensible du niveau de l'ESP.

2004-07 : *Troisième période de réforme (PA 2007)*

- Début de l'abandon du système des quotas laitiers.
- Pas de changement majeur concernant les paiements directs.
- Niveau presque constant de l'ESP (baisse en 2007 sous l'effet de l'augmentation des prix sur les marchés mondiaux).

2008-12 : *Quatrième période de réforme (PA 2011)*

- Suppression des quotas laitiers (2009).
- Suppression des subventions à l'exportation pour les produits agricoles de base (2009).
- Hausse des paiements en fonction du nombre d'animaux ruminants.
- Légère baisse de l'ESP due principalement à la diminution du soutien du prix du lait.

Les graphiques 4.1 et 4.2 montrent l'impact de ces réformes sur l'estimation du soutien aux producteurs figurant dans la base de données utilisée pour le MEP de l'OCDE, ainsi que sur les trois régions prises en compte dans le module suisse du MEP[3].

L'impact économique et environnemental de ces réformes est évalué de façon séquentielle en se posant la question hypothétique suivante : « Quels auraient été les résultats sur cette période si ces changements n'avaient pas eu lieu et que les dispositions en vigueur précédemment avaient été maintenues ? »

Pour citer un exemple, l'impact de la première réforme de la politique publique de 1993-98 (RP 93-98) est évalué par rapport aux mesures qui étaient en vigueur pendant la période de pré-réforme (1988-92)[4]. De la même manière, l'impact de la quatrième réforme de 2008-12 (RP 08-12) est évalué par rapport aux mesures qui étaient en place en 2004-07 (RP 04-07). La politique publique de référence est structurée comme une « moyenne » des mesures en vigueur à la période en question, de façon à atténuer les effets des facteurs exogènes, comme par exemple l'impact des prix mondiaux et du taux de change sur le niveau du soutien des prix du marché. La simulation modélise l'impact des nouvelles dispositions pour chaque année de la période de réforme examinée, mais les résultats sont

Graphique 4.1. **Évolution de l'estimation du soutien aux producteurs modélisée à l'aide du modèle d'évaluation des politiques de l'OCDE**

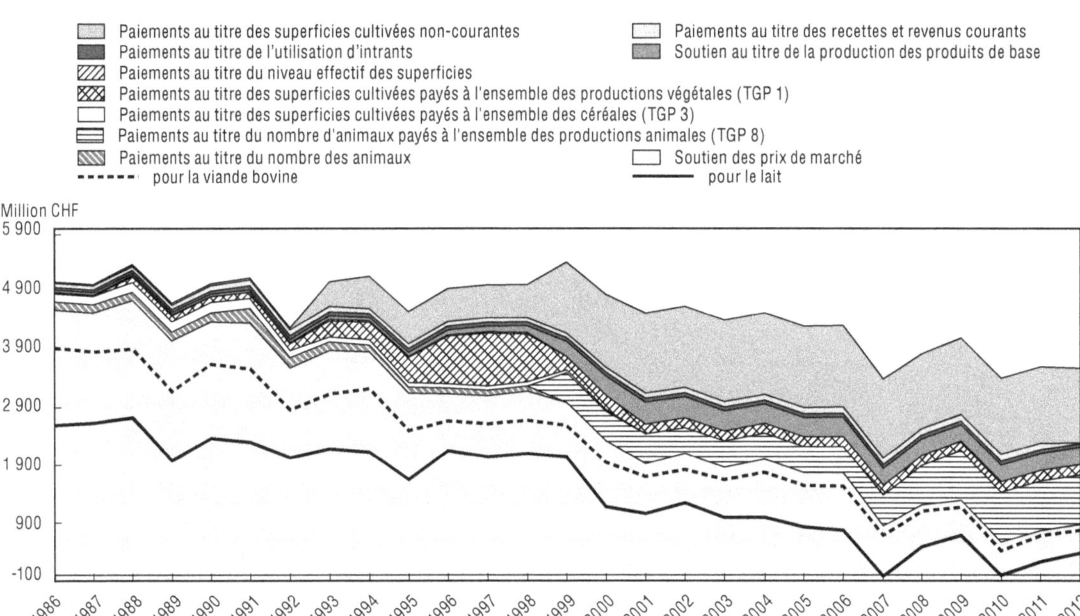

Source : Simulation à l'aide du modèle d'évaluation des politiques de l'OCDE.

présentés sous forme de moyenne des impacts, afin d'isoler les effets dus spécifiquement aux nouvelles mesures des autres facteurs ayant une incidence sur le secteur.

Impact économique des réformes successives de la politique agricole

La réduction du soutien des prix du marché pour les grandes cultures, en partie atténuée par les paiements directs, a logiquement constitué une incitation à diminuer les niveaux de production, en particulier du blé et des céréales secondaires (graphique 4.3). La réforme de 1993-98 a introduit des paiements supplémentaires au titre de la superficie courante de production, et incité à consacrer plus de terres à la culture. La production végétale est devenue plus extensive, avec des surfaces plus étendues mais des rendements moindres. Cela a permis d'améliorer la performance environnementale de l'agriculture en réduisant la consommation totale de pesticides et d'engrais chimiques. Néanmoins, les mesures prises au cours des trois périodes de réforme suivantes – à savoir, l'abandon des paiements directs au profit des paiements au titre de la superficie non courante, ainsi que le développement des paiements au titre du nombre total d'animaux – ont incité à remplacer les grandes cultures par des prairies[5, 6].

La production animale, qui a longtemps fait l'objet d'une intervention massive au niveau du marché, a elle aussi réagi aux évolutions de la politique publique (graphique 4.4). Le système des quotas laitiers est resté en place jusqu'à son abandon total en 2009. La suppression des prix garantis du lait en 1999 a rendu la production laitière moins intéressante et entraîné une augmentation des rendements relatifs de la production de viande bovine, laquelle a bénéficié d'un niveau stable de soutien des prix du marché. L'abandon progressif du système des quotas laitiers et la hausse des paiements au titre du nombre d'animaux, amorcés en 2004, ont incité à augmenter la production laitière, mais pas autant que la production de viande bovine. La production laitière n'a connu qu'une

Graphique 4.2. **Évolution des paiements par type de région, modélisés à l'aide du modèle d'évaluation des politiques de l'OCDE**

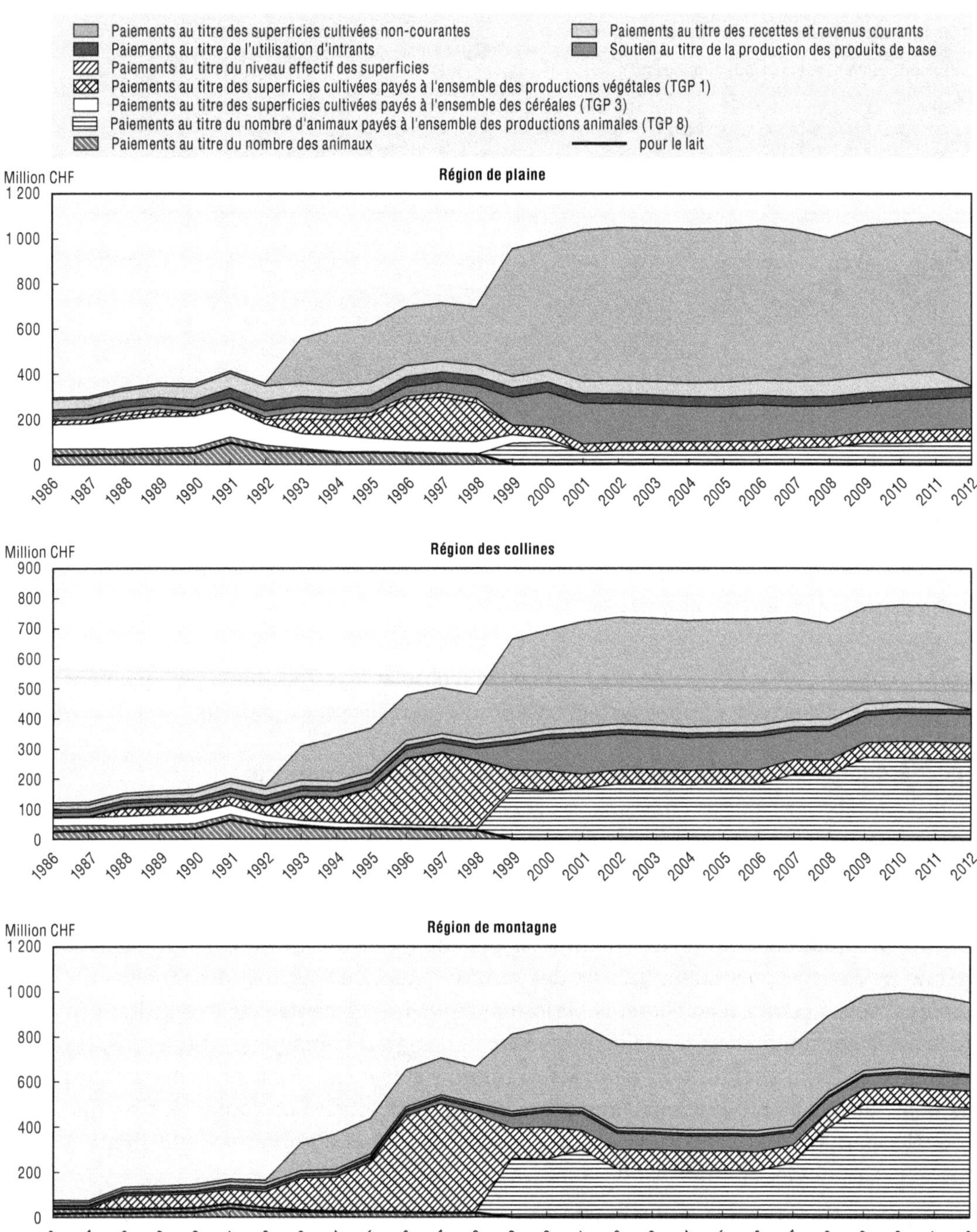

Source : Simulation à l'aide du modèle d'évaluation des politiques de l'OCDE.

hausse limitée, ayant été plafonnée par le système des quotas – en vigueur jusqu'en 2009 – ainsi que par la faible élasticité de la demande de lait. Les nouvelles mesures adoptées ont clairement favorisé le développement de la production de viande bovine – en particulier dans les régions des collines et de montagne –, ainsi que l'augmentation du chargement animal (nombre de têtes de bétail par hectare de prairie).

Graphique 4.3. **Impacts simulés des quatre programmes de réforme sur les grandes cultures**

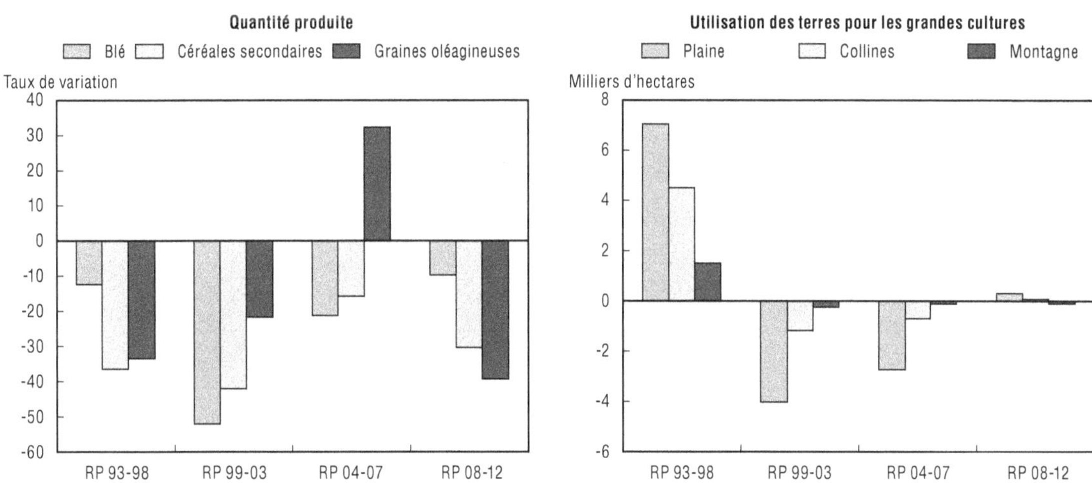

1. Les impacts de la réforme de la politique publique sont simulés en prenant pour référence la politique (moyenne) mise en œuvre au cours de la période précédente. Ainsi, l'impact de la réforme RP 08-12 est simulé par rapport à la réforme RP 04-07.

Source : Simulation à l'aide du modèle d'évaluation des politiques de l'OCDE.

L'évolution du volume et de la structure de la production a eu des répercussions sur la performance environnementale de l'agriculture. Si la réduction des grandes cultures implique une utilisation plus faible d'intrants chimiques, la hausse de la production animale entraîne en revanche une pression accrue sur l'environnement, du fait des pratiques d'élevage. Les impacts environnementaux des réformes de la politique agricole sont décrits en détail dans la section suivante.

Les réformes de la politique agricole ont eu des répercussions économiques pour les producteurs, les consommateurs et les contribuables. L'impact pour les producteurs, exprimé sous forme d'évolution du surplus du producteur, est mesuré en termes de rendement – supérieur aux coûts d'opportunité – des facteurs de production appartenant à l'exploitation : terres agricoles, quotas laitiers et autres agrégats[7]. La charge financière du soutien à l'agriculture est assumée par les consommateurs et les contribuables. L'impact pour les consommateurs se mesure par l'évolution du surplus du consommateur. Quant à l'impact pour les contribuables, il correspond à l'évolution des dépenses publiques liées aux paiements directs, aux subventions à l'exportation et aux revenus des tarifs douaniers. Outre la simulation permettant d'évaluer l'impact du programme de réforme par rapport aux dispositions en vigueur pendant la période précédente, une autre simulation est réalisée pour évaluer les effets généraux de la réforme, à savoir l'impact sur le bien-être du programme de réforme le plus récent (RP 08-12) par rapport à la période de pré-réforme (1998-92). Le résultat de cette simulation est représenté dans la rubrique « Total » sur les graphiques 4.5, 4.6 et 4.7[8].

Les programmes de réforme de la politique agricole ont entraîné une baisse du surplus du producteur, à l'exception du premier de ces programmes, au cours duquel le soutien des prix du marché a pris la forme de paiements directs (graphique 4.5)[9]. Pour autant, de manière générale, la diminution du coût des mesures de soutien est plus importante que la baisse du surplus du producteur, hormis pendant la période RP 04-07. Cela veut dire que les réformes successives ont permis aux producteurs de s'approprier un pourcentage plus élevé des aides. Cette conclusion est valable y compris lorsque l'on part de l'hypothèse que

Graphique 4.4. **Impacts des quatre programmes de réforme sur la production animale**

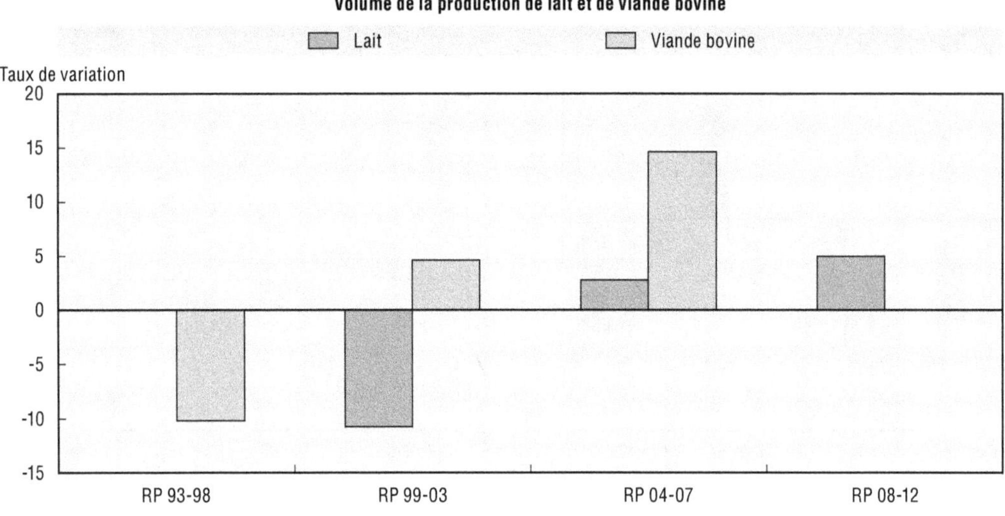

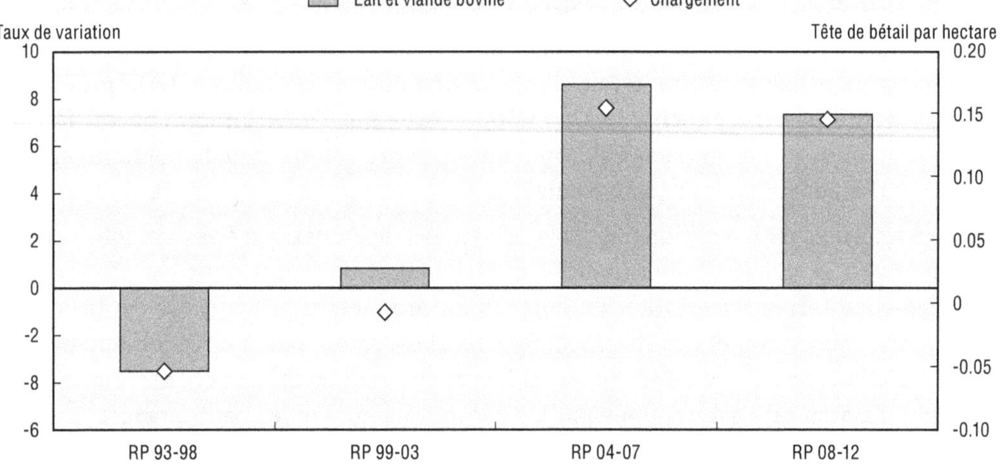

Source : Simulation à l'aide du modèle d'évaluation des politiques de l'OCDE.

toutes les terres louées appartiennent à des non exploitants, 30 à 40 % des bénéfices sortant du secteur agricole.

Le coût du soutien – qui est assumé par les consommateurs – a régulièrement diminué au cours des deux décennies de réformes, et ce en raison de la baisse du soutien des prix du marché (graphique 4.6). Si la libéralisation progressive des échanges et la suppression des prix réglementés expliquent cette baisse du coût pour le consommateur lors des deux premières périodes, en revanche c'est la réforme des quotas laitiers qui en est la principale cause au cours des périodes suivantes. Quant au coût pour le contribuable, il a augmenté dans trois des quatre programmes de réforme, du fait du remplacement partiel du soutien des prix du marché par des paiements directs[10].

Les réformes ont eu des impacts différents sur les agriculteurs selon les zones géographiques (graphique 4.7). Les paiements destinés aux régions de montagne – plus difficiles à exploiter – ont consisté à redistribuer l'excédent économique produit dans les

Graphique 4.5. **Impacts des quatre programmes de réforme sur l'évolution du surplus du producteur et du coût du soutien**

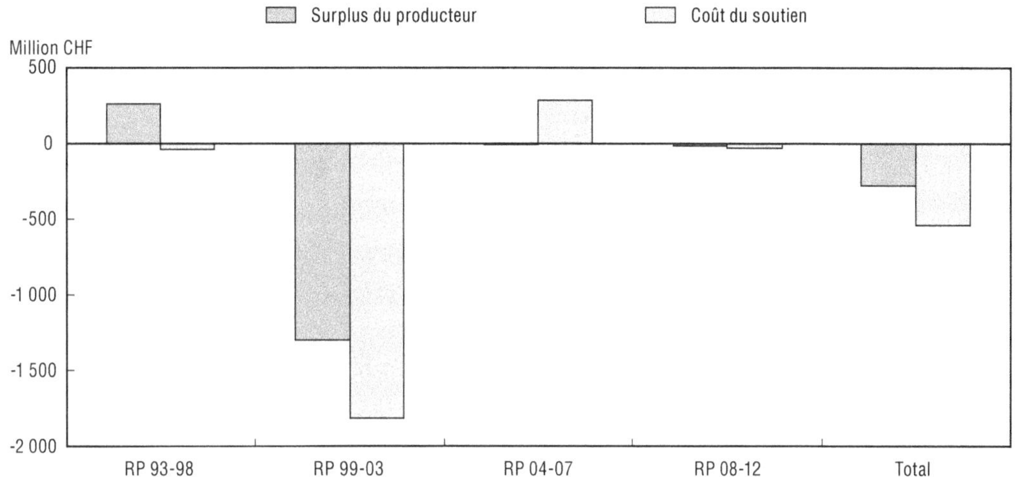

Source : Simulation à l'aide du modèle d'évaluation des politiques de l'OCDE.

Graphique 4.6. **Impacts des quatre programmes de réforme sur les sources du soutien**

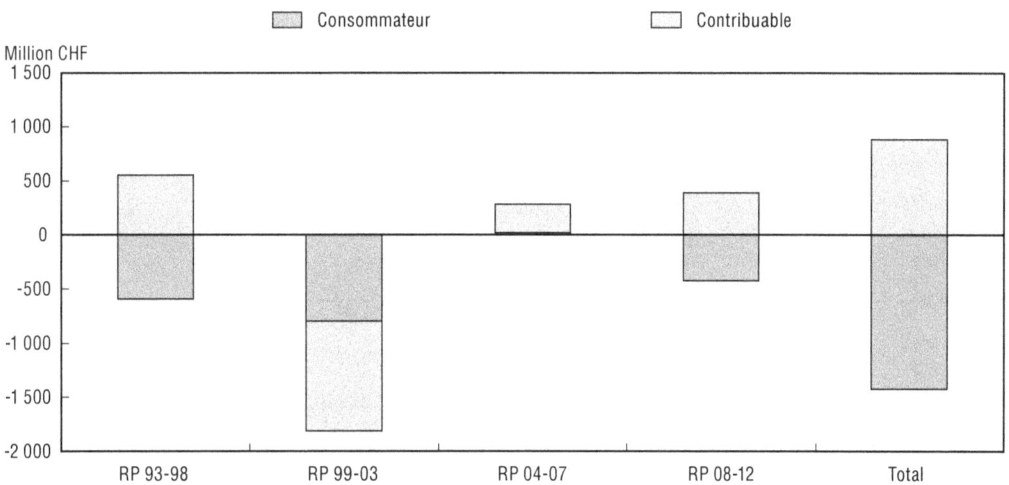

Source : Simulation à l'aide du modèle d'évaluation des politiques de l'OCDE.

régions de plaine vers les producteurs de montagne. Les programmes de réforme ont tous entraîné des pertes nettes pour les agriculteurs installés en plaine, alors qu'ils ont été – à l'exception du deuxième (RP 99-03) – sources de profits pour les exploitants des régions de montagne. Hormis le RP 99-03, les programmes de réforme ont eu moins d'incidence sur le surplus net des producteurs des régions des collines que sur celui des exploitants des autres zones géographiques.

L'érosion de la rente des quotas laitiers – due à la suppression progressive de ces quotas entre 2004 et 2009 – représente la quasi-totalité de la baisse du surplus du producteur enregistrée lors des deux derniers programmes de réforme (RP 04-07 et RP 08-11) dans les trois régions. À l'opposé, la hausse du surplus du producteur est due en majorité à l'augmentation de la rente foncière, en particulier au cours des premiers programmes de réforme. L'instauration de paiements directs liés à la surface d'exploitation a entraîné une

Graphique 4.7. **Impacts des quatre programmes de réforme sur le surplus du producteur dans les différentes régions**

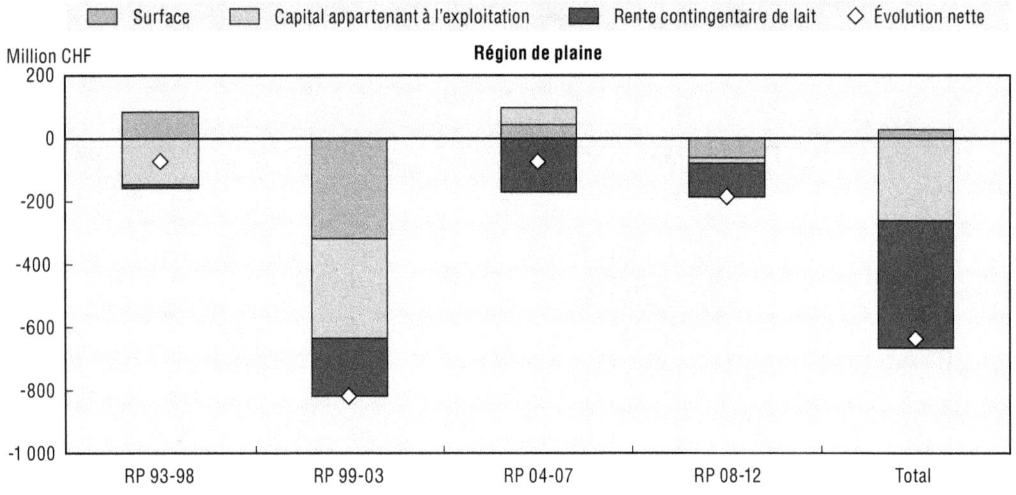

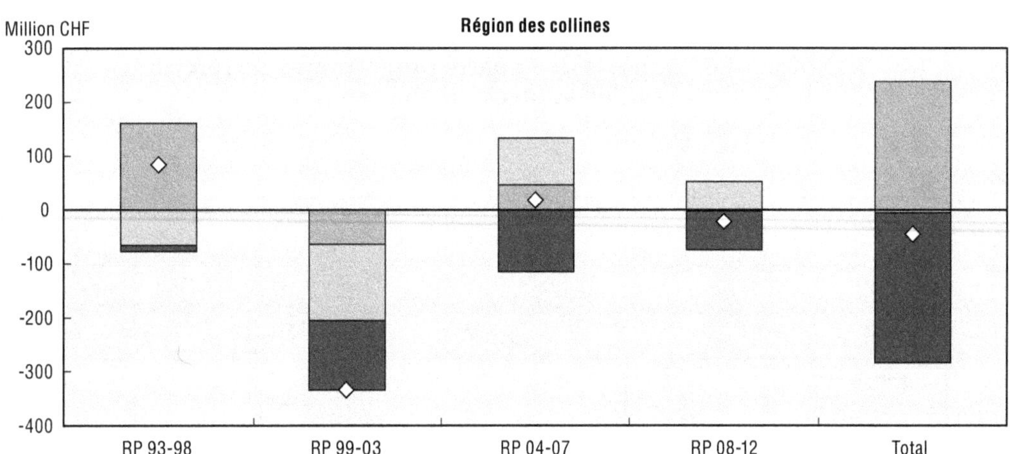

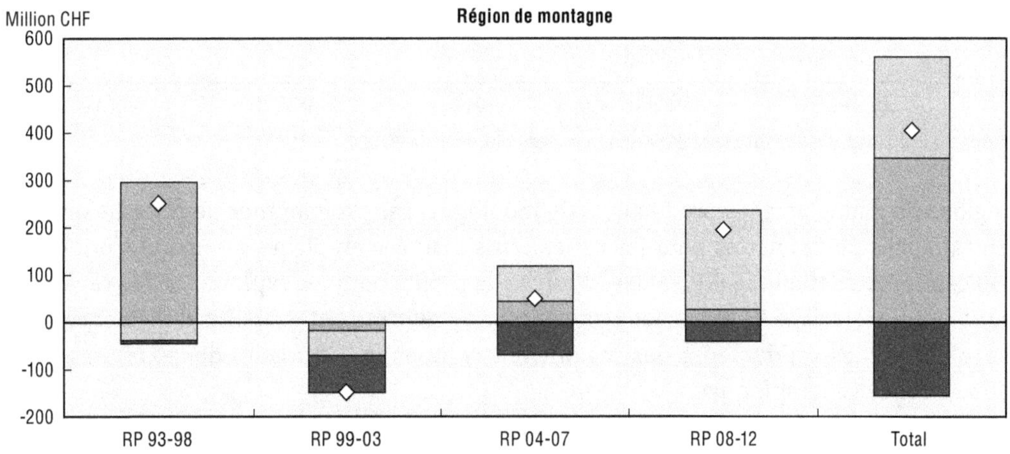

Source : Simulation à l'aide du modèle d'évaluation des politiques de l'OCDE.

augmentation de la rente foncière. Dans les régions de montagne, les gains des exploitants au cours des deux derniers programmes de réforme provenaient en grande partie de la valorisation des ressources appartenant à l'exploitation, en particulier du bétail. Le coût d'opportunité du cheptel bovin a en effet augmenté, sous l'effet de la hausse des paiements au titre du nombre d'animaux. Cette nouvelle mesure, mise en place dans le cadre des deux derniers programmes de réforme, visait à compenser l'abandon des quotas laitiers.

Évaluation environnementale des réformes passées de la politique agricole

L'amélioration de la performance environnementale de l'agriculture a été un élément central des réformes de la politique agricole engagées en Suisse, et le pays est effectivement parvenu à réduire les pressions exercées par le secteur agricole sur l'environnement (chapitre 2). Comme nous l'avons vu précédemment, les réformes passées ont profondément modifié la structure de la production. Elles ont également eu des répercussions notables sur la performance environnementale[11].

Utilisation d'intrants agricoles

Du fait de la contraction des grandes cultures, les quatre programmes de réforme ont entraîné une baisse de la consommation de produits chimiques, d'engrais inorganiques et de divers types d'intrants. La réduction des grandes cultures a eu lieu en majorité dans les régions de plaine, qui sont les principales zones de production végétale.

La baisse de l'utilisation de pesticides la plus importante a été enregistrée lors de la première phase de réformes, qui est celle au cours de laquelle la réorientation de la politique agricole a été là plus radicale (graphique 4.8). La RP 93-98 aurait en effet contribué à un recul de pas moins de 23 % de l'utilisation de pesticides dans les régions de plaine (de 0.67 à 0.51 kilotonne de substances actives), et de 20 % dans les régions de montagne (de 0.11 à 0.09 kilotonne). Le programme de réformes suivant (RP 99-03) a donné lieu à une baisse encore plus impressionnante, de l'ordre de 45 % dans les deux types de régions.

Graphique 4.8. **Impacts des quatre programmes de réforme sur l'utilisation d'intrants agricoles (variation en kilotonnes)**

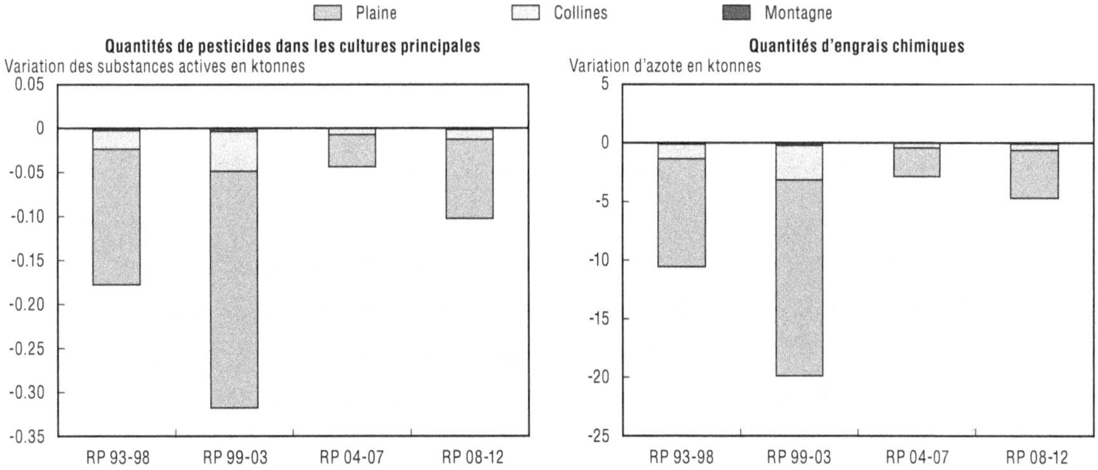

Plaine | Collines | Montagne

Quantités de pesticides dans les cultures principales

Variation des substances actives en ktonnes

0.05, 0, -0.05, -0.10, -0.15, -0.20, -0.25, -0.30, -0.35

RP 93-98 | RP 99-03 | RP 04-07 | RP 08-12

Quantités d'engrais chimiques

Variation d'azote en ktonnes

5, 0, -5, -10, -15, -20, -25

RP 93-98 | RP 99-03 | RP 04-07 | RP 08-12

Source : Simulation à l'aide du modèle d'évaluation des politiques de l'OCDE.

L'effet des réformes sur la réduction de l'utilisation de pesticides s'atténue ensuite quelque peu lors des périodes suivantes, tout en restant non négligeable (pour des résultats complets, voir les tableaux en annexe).

Les résultats pour les quantités d'engrais utilisées dans les cultures principales sont similaires. La consommation de composés azotés et phosphorés ne cesse en effet de diminuer, les plus fortes diminutions ayant été provoquées par les premières réformes engagées. Lors du premier programme de réforme, l'utilisation d'engrais dans les cultures principales aurait chuté de 23 % (de 43 à 33 kilotonnes d'azote dans les régions de plaine), puis de 46 % pendant la période RP 99-03.

N'ayant eu qu'un effet limité en termes de réaffectation des ressources vers les cultures alternatives (par exemple la betterave sucrière, la pomme de terre et le fourrage issu du pâturage intensif), les réformes ont eu peu d'impact sur la consommation d'engrais chimiques pour les autres surfaces agricoles.

Fumier des animaux d'élevage

Les changements concernant le fumier des animaux d'élevage sont directement liés à l'évolution du cheptel et, dans une certaine mesure, à la productivité laitière, au travers de l'augmentation des excrétions azotées des bovins laitiers d'âge adulte[12].

Au cours des réformes RP 93-98 et RP 99-04, la production de fumier des animaux d'élevage a diminué, sous l'effet des mesures incitant à la réduction des cheptels ; les réformes ultérieures auraient en revanche provoqué une augmentation de cette production (tableau 4.1). Cette évolution générale masque des différences entre les sous-secteurs et les régions. Sur la période RP 99-03, en particulier, la forte baisse du fumier des bovins laitiers d'âge adulte a été partiellement compensée par l'augmentation du fumier des bovins à viande (par exemple des vaches allaitantes et des veaux sous la mère).

Tableau 4.1. **Impacts des quatre programmes de réforme sur le bilan azoté**

Variation en kilotonnes d'azote

		RP 93-98	RP 99-03	RP 04-07	RP 08-12
Fumier des bovins laitiers	Plaine	0.21	-3.79	0.59	0.86
	Collines	-0.18	-2.88	0.79	0.98
	Montagne	-0.10	-1.69	0.59	1.92
	Suisse	-0.07	-8.35	1.97	3.76
Fumier des bovins à viande	Plaine	-1.37	0.67	1.61	0.10
	Collines	-0.60	1.23	1.48	0.78
	Montagne	-0.25	1.16	0.88	1.93
	Suisse	-2.22	3.07	3.97	2.82
Fumier des animaux d'élevage	Plaine	-1.17	-3.12	2.19	0.96
	Collines	-0.78	-1.65	2.27	1.76
	Montagne	-0.34	-0.52	1.48	3.85
	Suisse	-2.29	-5.29	5.94	6.57
Bilan azoté brut	Plaine	-4.99	-7.81	2.38	0.55
	Collines	-1.02	-2.42	2.27	1.77
	Montagne	-0.31	-0.59	1.49	3.83
	Suisse	-6.32	-10.82	6.13	6.16

Source : Simulation à l'aide du modèle d'évaluation des politiques de l'OCDE.

La baisse du soutien des prix du marché du lait pendant la période RP 99-03 a entraîné la réduction du nombre de vaches laitières, et donc une forte diminution de la production de fumier. On estime que cette réforme aurait permis de réduire les excrétions des bovins laitiers de 10 % (de 80 kilotonnes d'azote [hors réforme] à 72), principalement dans les régions de plaine et des collines.

Par la suite, les paiements directs au titre des animaux ruminants ont été augmentés, et les quotas laitiers progressivement supprimés. Ces deux mesures combinées ont incité à agrandir les troupeaux de bovins laitiers, ce qui a entraîné une augmentation de la production de fumier. La plus forte hausse (de 14 %, soit 1.9 kilotonnes en plus) a été relevée dans les régions de montagne pendant la période RP 08-12.

En ce qui concerne les bovins à viande, les résultats sont différents. Le premier programme de réforme (RP 93-98) s'est traduit par une réduction des troupeaux de bovins de boucherie et une diminution des déjections (de 37 à 35 kilotonnes d'azote). Cette diminution a été de même ampleur dans toutes les régions (environ 6 %). Les trois programmes de réforme qui ont suivi ont favorisé l'agrandissement des troupeaux de bovins à viande, d'où l'augmentation de la production de fumier. Au cours de la dernière période de réforme (RP 08-12), les excrétions de bovins de boucherie ont été quasiment stables en plaine, et en légère hausse dans les régions des collines. L'augmentation a eu lieu en majorité dans les zones de montagne (+21 %, soit 1.9 kilotonne d'azote en plus), du fait de la réaffectation des paiements directs en faveur de ces régions de production.

Intensité d'utilisation de l'azote

Les deux premiers programmes de réforme ont entraîné une diminution de l'intensité d'utilisation de l'azote dans le pays, sous l'effet combiné de la réduction de la consommation d'engrais chimiques dans le secteur des cultures et de la baisse de la production de fumier par les animaux d'élevage. Au niveau national, c'est au cours de la RP 99-03 que la diminution la plus forte a été enregistrée. Au cours de la période RP 04-07, la production de fumier s'est accrue et l'intensité d'utilisation de l'azote a légèrement augmenté dans les régions autres que les plaines. Les mesures adoptées pendant la période RP 08-12 ont favorisé la hausse des émissions d'azote dans les montagnes (+3.8 kilotonnes). Cette hausse a été compensée par une diminution presque équivalente des apports d'azote dans les plaines – due à une utilisation plus faible d'engrais –, ce qui signifie que le dernier programme de réforme n'a eu aucune incidence sur le total des apports azotés en Suisse.

Bilan azoté

Le bilan azoté brut (BAB) est la différence entre les « entrées » d'azote apporté aux terres agricoles, et les « sorties » correspondant aux récoltes des cultures et aux exportations des résidus qui se trouvent au sol. Ce bilan est calculé à la surface des sols, conformément à la méthodologie OCDE-EUROSTAT[13].

Les deux premiers programmes de réforme ont eu un effet positif sur le BAB, les excédents d'azote ayant été réduits (tableau 4.1). Le BAB aurait en effet diminué de 6 % (de 111 kilotonnes [hors réforme] à 105 pendant la période RP 93-98), principalement du fait de l'utilisation plus réduite d'engrais chimiques. Au cours de la période RP 99-03, la baisse de la production de fumier par les vaches laitières a entraîné une baisse du BAB de 11 %.

À l'inverse, les deux derniers programmes de réforme semblent avoir eu des effets opposés sur le BAB. Bien que les nouvelles mesures aient permis de réduire quelque peu l'utilisation d'engrais chimiques, elles ont fortement favorisé la production de fumier par les bovins laitiers et de boucherie.

Au cours du premier et du troisième programme de réforme, l'orientation et l'ampleur des impacts par hectare ont été similaires dans les trois régions, à savoir une réduction de 2 à 8 % dans le premier cas, et une augmentation de 6 à 9 % dans le second (tableau 4.2). Pour les autres périodes, la région de montagne présente un profil particulier. La particularité la

Tableau 4.2. **Impacts des quatre programmes de réforme sur le bilan azoté brut des régions**

Kg d'azote par ha

		RP 93-98	RP 99-03	RP 04-07	RP 08-12
Plaine	Sans réforme	126	107	79	84
	Actuel	116	91	84	85
	Variation	-10	-15	5	1
Collines	Sans réforme	100	96	79	84
	Actuel	97	88	88	90
	Variation	-4	-9	8	6
Montagne	Sans réforme	65	65	59	55
	Actuel	64	63	64	68
	Variation	-1	-2	5	13

Source : Simulation à l'aide du modèle d'évaluation des politiques de l'OCDE.

plus frappante de cette région est sa forte réaction aux réformes de la période RP 08-12, avec une hausse du BAB de 24 % (de 55 kg d'azote par hectare [hors réforme] à 68).

Bilan phosphore

Le bilan phosphore brut (BPB) est calculé avec la même méthodologie que le BAB. Ces deux indicateurs ont réagi de façon similaire aux réformes passées. Le BPB a enregistré une baisse de 4 % (de 11.9 kilotonnes [hors réforme] à 11.4) pendant la période RP 93-98, et de 15 % (de 8.9 à 7.6 kilotonnes) au cours de la période RP 99-04. Les programmes de réforme qui ont suivi ont provoqué la hausse de ce bilan, qui est passé par exemple de 5.8 à 7.0 kilotonnes de phosphore pendant la période RP 08-12 (soit +20 %).

Émissions de gaz à effet de serre

Les principaux gaz à effet de serre émis par le secteur agricole sont le méthane (CH_4), produit par le bétail, et le protoxyde d'azote (N_2O), provenant des terres agricoles et de la gestion du fumier[14]. En Suisse, les émissions de méthane proviennent exclusivement des animaux, en particulier de la fermentation entérique et de la gestion du fumier (88 % du CH_4 en 2012). La taille des troupeaux de bovins (laitiers et à viande) est donc le principal élément intervenant dans le volume des émissions de gaz à effet de serre. La productivité laitière y contribue elle aussi dans une certaine mesure, les émissions augmentant en même temps que les quantités de lait produites par les vaches laitières.

Les réformes engagées pendant la période RP 93-98 ont eu peu d'impact sur les émissions des vaches laitières (qui sont restées stables, aux alentours de 102 kilotonnes de CH_4), mais ont entraîné une baisse des émissions des bovins à viande (de 42 kilotonnes de CH_4 [hors réforme] à 40). Les réformes de la période RP 99-04 ont eu des effets contrastés sur les secteurs du lait et de la viande, le premier voyant ses émissions diminuer de 10 %, alors que le second les voyait augmenter d'autant (voir l'annexe).

Les mesures adoptées récemment ont, semble-t-il, entraîné une hausse des émissions de méthane : l'instauration des paiements directs et la suppression des quotas laitiers se sont traduites par un agrandissement des troupeaux (tableau 4.3). Ces effets se vérifient à la fois pour les bovins laitiers et à viande, et ce dans les trois régions suisses, quoique de façon plus prononcée dans les régions de montagne.

Les émissions de protoxyde d'azote proviennent des sols agricoles et de la gestion du fumier du bétail. Concernant les sols, ces émissions sont à la fois directes (utilisation

Tableau 4.3. **Impact de quatre programmes de réforme sur les émissions de GES**

Variation en kilotonnes

		RP 93-98	RP 99-03	RP 04-07	RP 08-12
Méthane	Plaine	-1.3	-4.3	2.7	1.3
	Collines	-0.9	-2.4	2.7	2.1
	Montagne	-0.4	-0.9	1.8	4.8
	Suisse	-2.6	-7.5	7.2	8.3
Protoxyde d'azote	Plaine	-0.3	-0.6	0.0	-0.1
	Collines	-0.1	-0.1	0.1	0.0
	Montagne	0.0	0.0	0.0	0.1
	Suisse	-0.4	-0.7	0.1	0.0
PRG (éq.CO_2)	Plaine	-128.0	-271.2	56.1	-5.5
	Collines	-40.6	-91.7	74.9	56.0
	Montagne	-13.5	-24.3	52.8	138.4
	Suisse	-182.1	-387.1	183.9	188.8

Source : Simulation à l'aide du modèle d'évaluation des politiques de l'OCDE.

d'engrais chimiques, fumier et résidus des cultures retournant dans les sols) et indirectes (retombées atmosphériques, lessivage des sols et ruissellement, excrétions animales sur les terrains de parcours ou dans les champs clôturés). On peut donc dire que les émissions de protoxyde d'azote proviennent autant de l'élevage que des cultures.

Comme l'on peut s'y attendre, le profil des émissions de protoxyde d'azote suit la courbe des apports totaux en azote : ces émissions accusent une forte baisse au cours des premiers programmes de réforme, avant de repartir à la hausse pendant la période RP 04-07, et enfin de se stabiliser au cours de la période RP 08-12.

Les effets cumulés des émissions de méthane et de protoxyde d'azote sur le changement climatique sont généralement évalués à l'aide du Potentiel de réchauffement global (PRG), exprimé en équivalent CO_2[15]. Le PRG a accusé une baisse au cours des deux premiers programmes de réforme : de 5 950 kilotonnes d'équivalent CO_2 [hors réforme] à 5 768 pendant la période RP 93-98, puis de 5 870 kilotonnes d'équivalent CO_2 à 5 484 pendant la période RP 99-03. Il a en revanche augmenté sous l'effet des réformes les plus récentes.

Il est utile de rappeler que le MEP tient uniquement compte des élevages de bovins. Or, en Suisse, d'autres animaux d'élevage ont un poids économique particulier : les porcs (1.544 million de têtes en 2012, dont 0.128 million de truies), la volaille (9.978 millions, dont 2.520 millions de poules pondeuses) et les ovins (0.417 million de têtes) (OFAG, 2013). Les deux premières espèces sont monogastriques. Contrairement aux ruminants, elles émettent peu de méthane du fait de la fermentation entérique ; or, en Suisse, les excrétions des porcs sont presque uniquement exploitées sous forme liquide, c'est-à-dire de lisier, lequel dégage d'importantes quantités de méthane (Bretchler, 2011). Les porcs et la volaille contribuent eux aussi aux excrétions d'azote et aux émissions de protoxyde d'azote. Dans la version actuelle du MEP, les excrétions et les émissions de ces secteurs sont censées se situer au niveau actuel de référence. Or, que ce soit de façon directe – avec la modification du soutien pour les animaux d'élevage – ou indirecte – via le marché des produits d'alimentation et la substitution de la demande (en l'occurrence, entre la viande rouge et la viande blanche) –, les réformes de la politique agricole ont un impact sur la production des élevages intensifs en milieu fermé et leurs effets sur l'environnement. Plusieurs autres études sur les effets environnementaux des réformes de la politique agricole suisse sont caractérisées dans l'encadré 4.2.

Encadré 4.2. **Autres études sur les effets environnementaux des réformes de la politique agricole suisse**

Spiess (2011) a calculé les bilans d'azote et de phosphore de l'agriculture suisse de 1975 à 2008, en utilisant les données relevées au départ de l'exploitation, conformément aux lignes directrices de la Commission OSPAR. En 2008, ce bilan affichait un excédent de 108 kg d'azote/ha et de 5.5 kg de phosphore/ha. Ces chiffres, relevés au départ de l'exploitation, sont plus élevés que ceux obtenus à la surface des sols dans les calculs OCDE. La méthode d'évaluation au départ de l'exploitation est plus précise que celle effectuée à la surface des sols et fournit en général des excédents de nutriments plus élevés.

Herzog et al. (2008) évaluent les effets de l'écoconditionnalité (ou exigence de prestations écologiques) sur les émissions d'azote et de phosphore de l'agriculture suisse. Ils associent pour ce faire des systèmes de surveillance et une évaluation des liens de cause à effet dans une sélection d'études de cas. Les résultats de l'étude montrent que la réduction des quantités d'azote (minéral et provenant des déjections) consécutive aux exigences de prestations écologiques a entraîné une diminution du lessivage des nitrates d'environ 10 kg par hectare et par an (de 49 à 39). L'utilisation de cultures de couverture a permis de réduire le lessivage des nitrates de quelque 5 kg par hectare et par an. De manière générale, les exigences de prestations écologiques ont permis de réduire le lessivage des nitrates de 29 % (soit de 16 kg par hectare et par an) dans le domaine de grandes cultures. Selon Herzog et al., la pollution au phosphore des eaux de surface par les activités agricoles a diminué de 10 à 30 % depuis la mise en place des exigences de prestations écologiques.

Aviron et al. (2009) ont évalué l'impact des surfaces de compensation écologique (SCE) sur la biodiversité agricole (la richesse des espèces) dans trois régions représentatives des différents types d'agriculture pratiqués dans le centre de la Suisse (culture, association culture et élevage, et élevage). Leur évaluation portait à la fois sur des prairies et des champs de fleurs sauvages. L'étude a permis d'établir la différence entre les SCE et les champs exploités de façon conventionnelle en ce qui concerne la présence de plantes vasculaires, de papillons, de coléoptères terrestres et d'araignées. Le constat est que les SCE couvertes de prairies comportaient un plus grand nombre d'espèces de plantes, de coléoptères terrestres et de papillons, mais pas d'araignées. Les SCE couvertes de fleurs sauvages présentaient entre 8 et 60 % plus d'espèces de plantes, de coléoptères terrestres et d'araignées que les terres cultivables. Cela dit, un très faible nombre des plantes et des espèces arthropodes observées figuraient parmi les espèces dites « menacées », alors que sept des espèces de coléoptères terrestres et six de celles de papillons figuraient sur la liste rouge. On peut donc dire que, dans l'ensemble, les SCE bénéficient davantage aux espèces courantes qu'aux espèces menacées.

Impact économique et environnemental des prochaines dispositions de la politique agricole (2014-17)

La présente section évalue les impacts possibles ou probables des nouvelles dispositions de la politique agricole qui seront mises en œuvre entre 2014 et 2017 (PA 2014-17). Le principal but de cette réforme est de réduire les paiements généraux à la surface et d'orienter davantage les paiements directs vers des objectifs spécifiques tels que la biodiversité, le paysage et autres bienfaits pour la collectivité (voir le chapitre 3).

Les paiements qui seront appliqués à l'avenir – d'après les informations dont on dispose – sont classés selon les catégories de l'ESP de l'OCDE, puis modélisés à l'aide du MEP. Le soutien des prix du marché, les paiements au titre de la production et les paiements au titre de l'utilisation d'intrants variables qui seront effectués en 2014-17 sont supposés rester au même niveau qu'en 2012. Le graphique 4.9 représente l'évolution de l'ESP utilisée dans le MEP dans les trois zones géographiques (pour la ventilation régionale des différents types de soutien aux producteurs, voir le document technique *TAD/CA/APM/WP(2014)28FINAL*). Le niveau de l'ensemble des paiements modélisés dans le MEP pour la période 2014-17 est légèrement plus faible qu'en 2012[16]. Dans la région de plaine, les paiements au titre de la superficie non courante (catégorie E de l'ESP) sont partiellement remplacés par des paiements au titre de la superficie courante versés pour toutes les cultures. Dans la région de montagne, les paiements au titre de la superficie de pâturage remplacent les paiements au titre du nombre d'animaux et les paiements au titre de la superficie non courante.

Graphique 4.9. **Évolution de l'estimation du soutien aux producteurs modélisée à l'aide du MEP de l'OCDE pour la PA 2014-17**

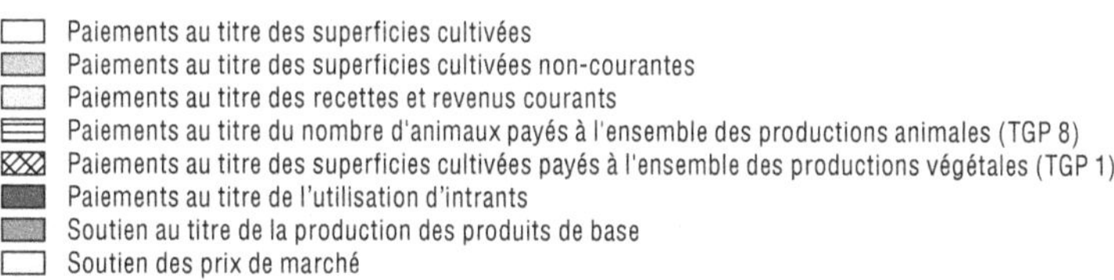

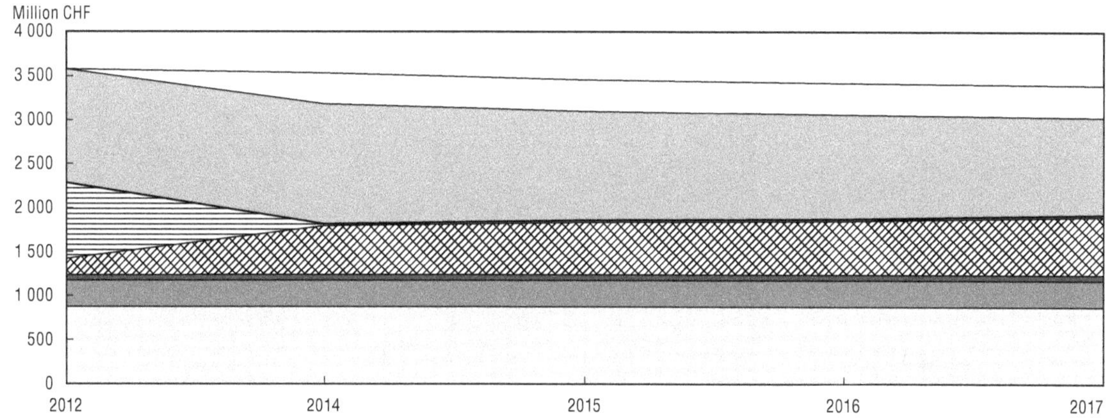

Source : Simulation à l'aide du modèle d'évaluation des politiques de l'OCDE.

La simulation réalisée dans la présente section examine l'impact économique et environnemental des nouvelles mesures proposées pour 2014-17, en utilisant comme référence l'année 2012. Les résultats sont présentés sous la forme d'une moyenne des effets à moyen terme des prochaines dispositions. On y voit que la nouvelle politique agricole inverse dans une certaine mesure les tendances précédentes : la taille des troupeaux devrait diminuer, en particulier dans les régions des collines et de montagne, mais la production des cultures ne devrait que peu changer.

L'impact des mesures à venir sur la production est plus marqué dans le secteur du bétail. Le fait que les paiements directs soient versés non plus au titre du nombre d'animaux mais de la superficie va inciter les agriculteurs à utiliser les terres de façon plus extensive et à réduire le chargement animal (graphique 4.10). En Suisse, le chargement animal devrait passer de 2.1 à 1.8 bovins par hectare de pâturage. Cette baisse sera plus forte dans la région des collines, où elle atteindra 20 % (de 2.1 à 1.7 bovins par hectare de pâturage), sous l'effet de la diminution du nombre d'animaux. Dans la région de plaine, le système des paiements

Graphique 4.10. **Impacts de la PA 2014-17 sur le nombre d'animaux et le chargement animal**

Nombre d'animaux

Taux de variation

0
-5
-10
-15
-20
-25
-30

Lait | Viande bovine — Plaine
Lait | Viande bovine — Collines
Lait | Viande bovine — Montagne

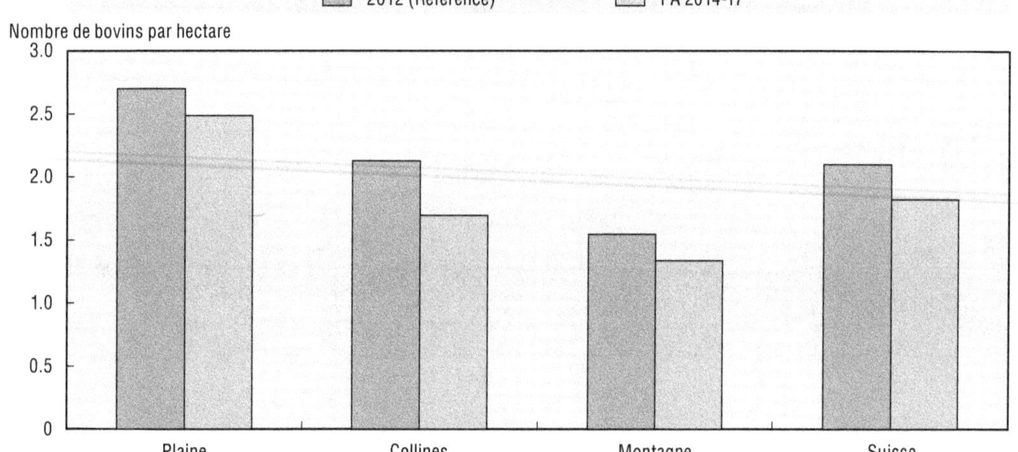

Source : Simulation à l'aide du modèle d'évaluation des politiques de l'OCDE.

directs devrait être partiellement modifié, les paiements n'étant plus versés au titre de la superficie non courante mais de la superficie courante pour une production végétale. Cette nouvelle mesure réorientera une partie des pâturages vers les cultures.

Le fait que les paiements soient versés non plus au titre du nombre d'animaux mais de la superficie entraînera la baisse du chargement animal dans les régions des collines et de montagne. Les nouvelles dispositions auront en revanche peu d'impact sur la production végétale (1.1 % d'augmentation en moyenne). Ces résultats coïncident avec ceux du modèle SILAS mis au point par Agroscope Reckenholz-Tänikon, qui ne laisse présager pour 2017 qu'une faible hausse de la production de céréales (1.7 %), avec ou sans la réforme des paiements directs (Zimmermann et al., 2011).

La simulation réalisée à l'aide du MEP met en évidence les effets négatifs de la PA 2014-17 sur la production de lait et de viande bovine, qui baissera respectivement de quelque 4.2 et 8.2 % par rapport à 2012, la région des collines étant la plus touchée (graphique 4.11)[17]. Là encore, ces chiffres sont cohérents avec ceux des simulations

Graphique 4.11. **Impacts de la PA 2014-17 sur le volume de la production de lait et de viande bovine**

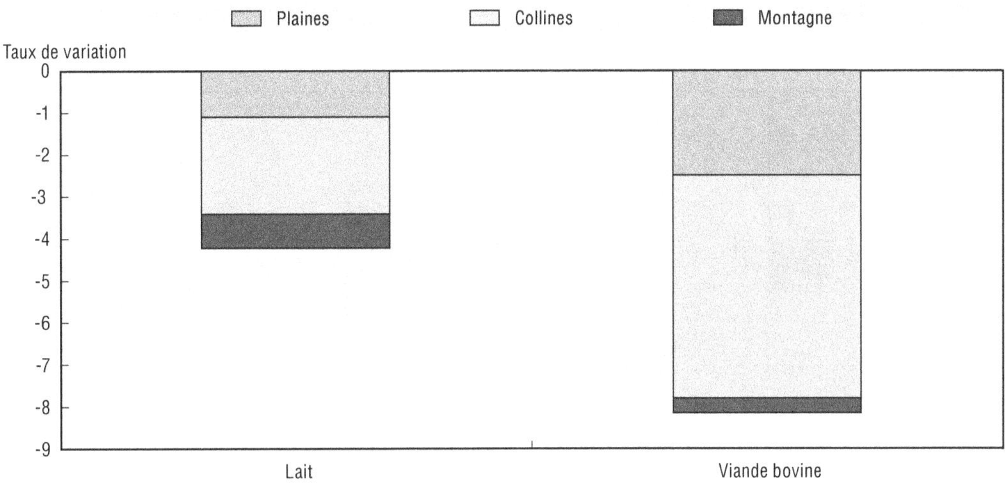

Source : Simulation à l'aide du modèle d'évaluation des politiques de l'OCDE.

d'Agroscope, qui prévoient une diminution de la production de lait de 2.5 %, et de la production de viande bovine de 5.3 % (Zimmermann et al., 2011).

Sur le plan de la performance environnementale, la plupart des changements devraient provenir du secteur de l'élevage, celui des cultures affichant peu de modifications. Les changements ont lieu principalement dans les régions des collines et de montagne. Dans la région de plaine, les apports en azote évoluent peu, et seules une légère baisse des excrétions azotées des vaches laitières et une faible hausse de celles des bovins à viande sont à noter.

La nouvelle politique agricole devrait entraîner une amélioration du bilan des nutriments. En termes relatifs comme en termes absolus, les effets sont plus marqués dans le secteur de la viande bovine que dans celui du lait (graphique 4.12). Sur la période de quatre ans examinée, les excrétions azotées des bovins à viande pourraient être, en moyenne, de 18 % inférieures à celles de 2012 (de 38 à 31 kilotonnes d'azote). Les excrétions des bovins laitiers devraient diminuer de 6 % (de 68 à 65 kilotonnes d'azote). Globalement, l'excédent d'azote devrait baisser de 12 % (de 87 kilotonnes en 2012 à 76).

Avec 90 kg d'azote par hectare, la région des collines est celle qui enregistre l'excédent d'azote le plus élevé lors de l'année de référence de 2012, dépassant ainsi la région de plaine (85 kg) et se démarquant nettement de la région de montagne (68 kg). Selon les estimations, la nouvelle politique devrait permettre de réduire l'excédent de la région des collines de 21 %, à 72 kg. En montagne, l'excédent devrait diminuer de 13 %, à 59 kg.

Les estimations font également apparaître une réduction simultanée de l'excédent de phosphore, de 6.8 à 5.2 kilotonnes dans l'ensemble du pays. Les émissions de gaz à effet de serre pourraient elles aussi diminuer : la réduction attendue des troupeaux entraînerait une baisse de 8 % des émissions de méthane (de 160 à 147 kilotonnes) et de 5 % de celles de protoxyde d'azote. S'agissant du potentiel de réchauffement global, on obtient une réduction de 377 kilotonnes d'équivalent CO_2 (de 5 600 à 5 223 kilotonnes), soit du même ordre de grandeur que celle induite par la réforme de 1999-2003 (-387 kilotonnes d'équivalent CO_2).

Graphique 4.12. **Impacts de la PA 2014-17 sur une sélection d'indicateurs agroenvironnementaux**

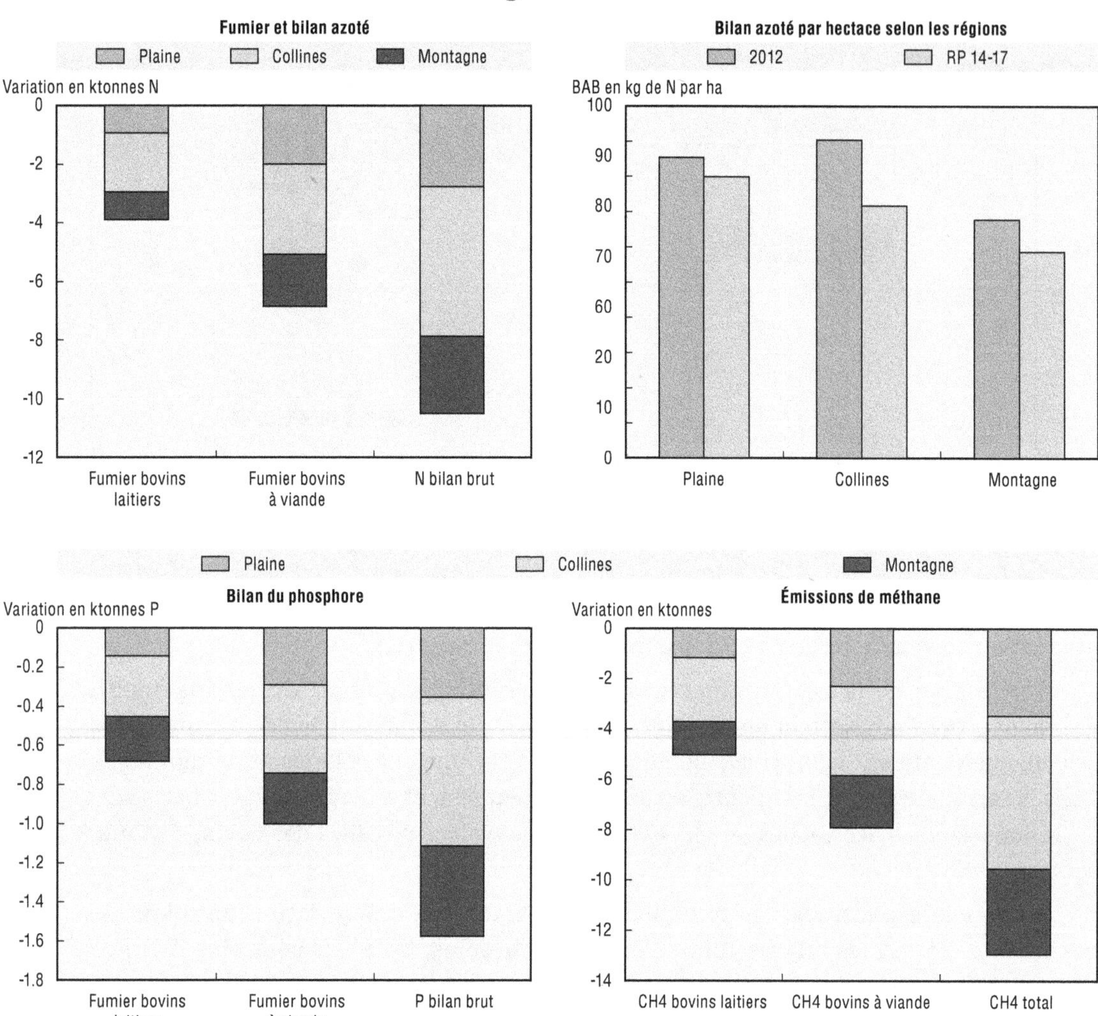

Source : Simulation à l'aide du modèle d'évaluation des politiques de l'OCDE.

De manière générale, les nouvelles mesures améliorent l'efficacité des transferts. Les résultats de la simulation montrent que la baisse marginale du surplus du producteur (12.6 millions CHF) qui est moins importante en moyenne que la baisse du coût pour le contribuable (189.5 millions CHF) au cours de la PA 2014-17 (graphique 4.13)[18]. Ce qui démontre l'effet positif global pour la société. Les paiements au titre des superficies (grandes cultures, pâturage ou superficie de référence) favorisent une plus forte hausse du surplus du producteur que les paiements au titre du nombre d'animaux. Ce constat vaut toujours dans l'hypothèse où la rente foncière bénéficie intégralement au secteur agricole. Dans l'hypothèse extrême, où l'ensemble des terres louées appartiennent à des non exploitants, la diminution du surplus du producteur peut atteindre 152.5 millions CHF[19].

L'évolution du surplus du producteur en 2014-17 dans les différentes régions montre que cet indicateur affiche une baisse marginale nette dans les trois types de régions (graphique 4.14). Il apparaît également que la PA 2014-17 continue d'apporter de l'aide aux régions défavorisées. Comme on le voit également sur le graphique, les gains pour le

Graphique 4.13. **Impacts de la PA 2014-17 sur le surplus du producteur et le coût pour le contribuable**

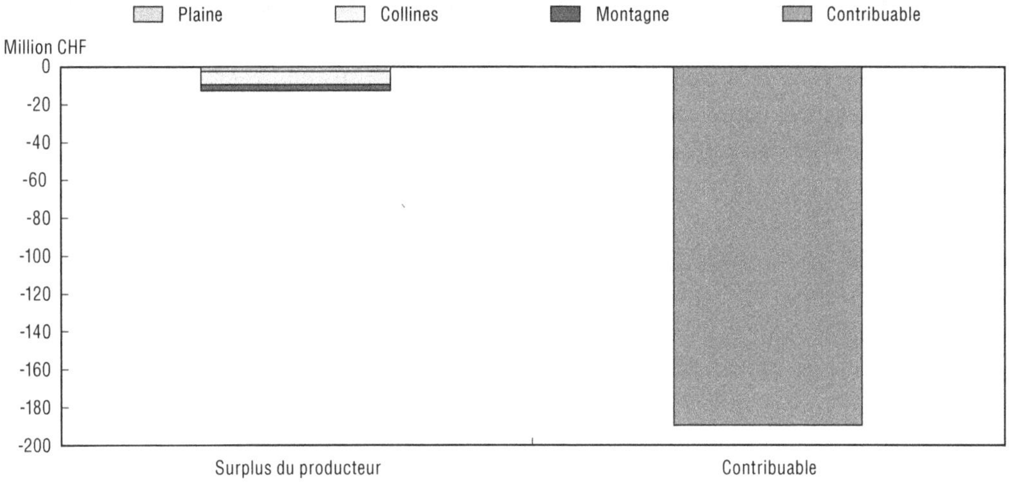

Source : Simulation à l'aide du MEP de l'OCDE.

Graphique 4.14. **Impacts de la PA 2014-17 sur le surplus du producteur par région**

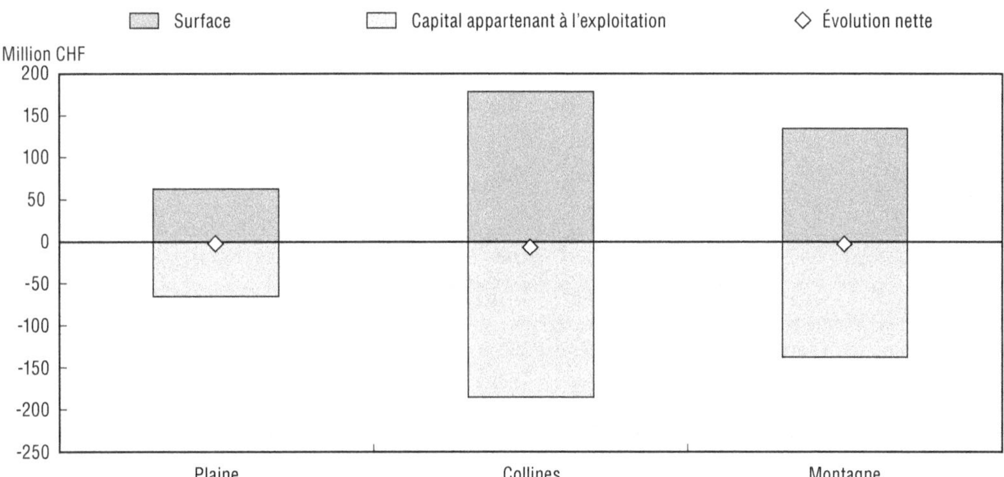

Source : Simulation à l'aide du modèle d'évaluation des politiques de l'OCDE.

producteur proviennent intégralement de l'augmentation de la rente foncière. La réorganisation du système des paiements directs – au profit de paiements versés au titre des superficies – modifie la structure du surplus du producteur, qui provient alors davantage de la rente foncière que des ressources appartenant à l'exploitation (principalement la valeur du bétail), en particulier dans les régions des collines et de montagne.

Impacts économiques et environnementaux d'une intégration accrue avec les marchés de l'Union européenne

La présente section évalue l'impact d'une hypothétique réforme de l'action publique en direction d'une libéralisation accrue des marchés suisses des denrées agricoles. Le scénario pris en compte est celui d'une intégration des marchés agricoles suisses avec ceux de l'UE, de sorte que les prix des producteurs suisses soient alignés sur les prix intérieurs de l'UE.

Les informations sur les prix à la production figurant dans la base de données des ESP (qui sont calibrés dans le modèle MEP) montrent que ces prix sont nettement plus élevés en Suisse que dans l'Union européenne (graphique 4.15). Le prix de la viande bovine était notamment deux fois plus élevé en Suisse que dans l'UE en 2010-12. Le prix du blé versé aux producteurs suisses est également très supérieur à celui appliqué au sein de l'UE. Cette situation reflète, dans une certaine mesure, des différences de qualité, une grande partie du blé produit en Suisse étant de qualité supérieure car destiné à la consommation humaine[20]. Les prix à la production des céréales secondaires et des graines oléagineuses suisses étaient également plus de 50 % supérieurs à ceux de l'UE en 2010-12. Le lait est la denrée agricole pour laquelle l'écart de prix entre la Suisse et l'UE est le plus faible, même si le prix en Suisse était encore 27 % plus élevé qu'au sein de l'UE en 2010-12.

Graphique 4.15. **Prix à la production en Suisse et au sein de l'Union européenne (UE) en 2010-12**

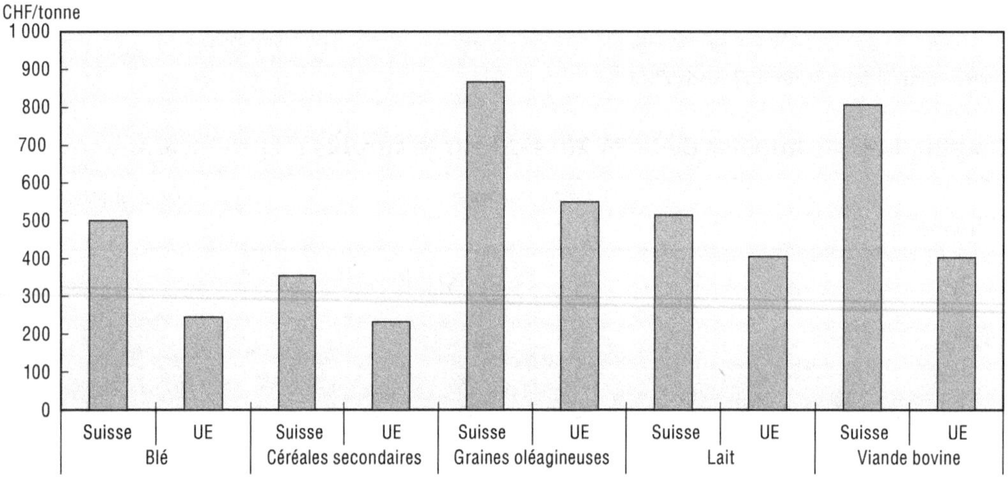

1. Le prix de la viande bovine est exprimé pour 100 kg.
Source : Calibration à partir de la base de données des ESP et des ESC de l'OCDE.

Le scénario utilisé pour la simulation est celui d'une intégration totale des marchés suisses avec ceux de l'UE pour ces denrées agricoles, en prenant pour référence l'année 2012[21]. Un scénario alternatif introduit des paiements complémentaires – sous forme de majoration des paiements au titre de la superficie non courante – en vue d'étudier les effets sur le marché et sur le bien-être de ces montants compensatoires. Avec ce scénario alternatif, les paiements au titre de la superficie non courante sont majorés de 35 % (451 millions CHF), ce qui permet de maintenir l'allocation régionale de cette catégorie de paiements à un niveau constant. L'encadré 4.3 présente les résultats d'autres études des effets quantitatifs de l'intégration des marchés suisses avec ceux de l'UE.

Compte tenu de la baisse du prix intérieur des produits, les consommateurs suisses devraient économiser environ 1.7 milliard CHF (graphique 4.16). Le coût total du soutien aux producteurs serait réduit de 1.49 milliard CHF, en tenant compte de la hausse du surplus du consommateur, de la diminution des paiements au titre de la production ou de l'utilisation d'intrants, ainsi que de la perte des recettes liées aux tarifs douaniers. D'un autre côté, la baisse du surplus du producteur est estimée à 1.01 milliard CHF, ce qui est nettement inférieur à la baisse du coût du soutien[22]. En comparaison avec l'impact des précédents programmes de réforme, la diminution du surplus du producteur est

Graphique 4.16. **Impacts de l'intégration avec les marchés de l'UE sur le surplus du producteur, du consommateur et du contribuable**

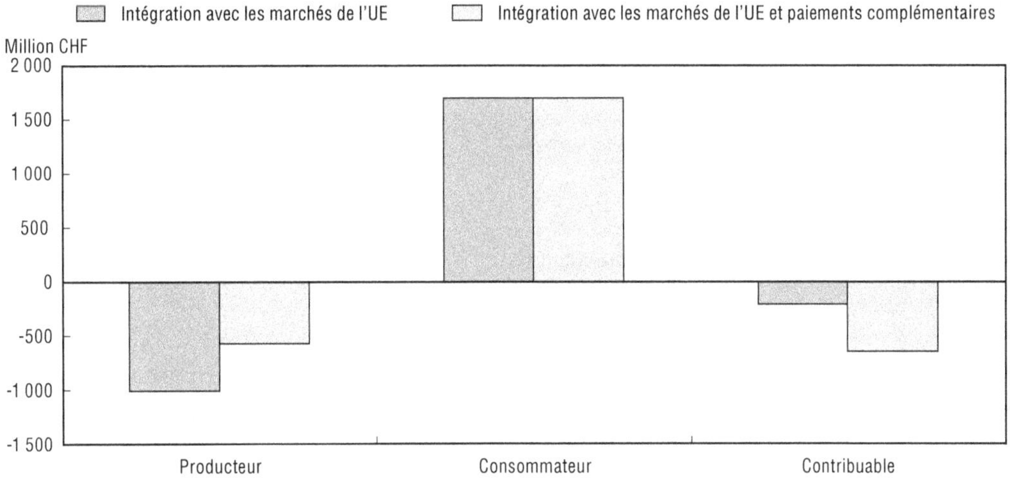

Intégration avec les marchés de l'UE
Intégration avec les marchés de l'UE et paiements complémentaires

Million CHF
2 000
1 500
1 000
500
0
-500
-1 000
-1 500

Producteur
Consommateur
Contribuable

Source : Simulation à l'aide du modèle d'évaluation des politiques de l'OCDE.

nettement inférieure à celle de la période RP 99-03, au cours de laquelle toutes les garanties de prix et marges de transformation fixes de l'État ont été supprimées.

Les paiements complémentaires limiteraient la diminution du surplus du producteur à 573 millions CHF. Le coût du soutien aux producteurs (avec la hausse du surplus du consommateur et la baisse du surplus du contribuable) serait alors réduit de 1.05 milliard CHF, ce qui est nettement supérieur à la baisse du surplus du producteur. La simulation montre donc qu'une libéralisation accrue des échanges avec l'Union européenne améliorerait l'efficience des mesures de soutien aux producteurs ainsi que le bien-être économique global, avec ou sans certains paiements complémentaires.

Un autre effet important non pris en compte dans cette analyse est que l'intégration des marchés pourrait rendre le secteur agricole suisse plus compétitif, grâce à la baisse du prix des intrants achetés et à l'intensification de la concurrence provenant des producteurs étrangers. Cette réforme permettrait en outre d'améliorer la compétitivité des industries suisses situées en aval, qui auraient ainsi accès à des produits agricoles de base moins coûteux.

Sur le plan de la production, c'est sur le blé que les impacts de l'intégration avec les marchés de l'UE seraient les plus importants. Sans paiements complémentaires, la production de blé serait réduite de 12 %, de manière à combler les grands écarts de prix de cette denrée entre les marchés de la Suisse et de l'UE (tableau 4.4). Les estimations à la baisse de la production de blé sont très certainement exagérées, car le modèle part de l'hypothèse d'un complet resserrement des écarts de prix entre la Suisse et l'Union européenne. Cela n'est peut-être pas vraiment réaliste, le blé suisse étant généralement de qualité supérieure et se vendant à un prix plus élevé que le blé moyen de l'UE. La libéralisation accroît par ailleurs la rentabilité relative des céréales secondaires, des graines oléagineuses et autres productions végétales, en réorientant la production vers ces denrées[23]. La production de lait diminuerait de 7 %. Dans le contexte de l'intégration avec les marchés de l'UE, les paiements complémentaires limiteraient dans une certaine mesure la réduction de la production intérieure.

La baisse des prix intérieurs entraînerait une consommation accrue de l'ensemble des produits, et donc plus d'importations. Par voie de conséquence, la part de la production

Tableau 4.4. **Impacts de l'intégration avec les marchés de l'UE sur la production et la consommation**

	Blé	Céréales secondaires	Graines oléagineuses	Lait	Viande bovine
Taux de variation de la quantité de production					
Intégration avec les marchés de l'UE	-12	9	22	-7	-9
Intégration avec les marchés de l'UE avec paiements complémentaires	-7	7	16	-7	-5
Part de la production intérieure dans la consommation					
Référence (2012)	52	78	18	104	90
Intégration avec les marchés de l'UE	44	90	15	88	43
Intégration avec les marchés de l'UE avec paiements complémentaires	46	89	15	88	45

Source : Simulation à l'aide du modèle d'évaluation des politiques de l'OCDE.

intérieure dans la consommation évoluerait à la baisse, hormis pour les céréales secondaires. Concernant la viande bovine en particulier, l'autosuffisance diminuerait sensiblement[24]. S'agissant du blé, le constat est similaire, la part de la production intérieure dans la consommation passant de 52 à 44 %. En ce qui concerne le lait, la Suisse deviendrait un importateur net, mais 88 % de la consommation intérieure serait encore satisfaite par la production intérieure, même dans le contexte d'une intégration avec les marchés de l'UE[25].

Les effets de l'intégration avec les marchés de l'UE sur le nombre d'animaux ont tendance à être plus importants dans la région de plaine que dans celles des collines et de montagne (tableau 4.5). Dans ces deux dernières régions, le nombre de bovins (laitiers et à viande) ne diminuerait que légèrement car le montant des paiements destinés aux zones défavorisées est élevé, de sorte que la baisse des recettes commerciales n'aurait guère de conséquence sur l'incitation à produire. Par conséquent, le chargement animal dans les régions des collines et de montagne varierait nettement moins que dans la région de plaine.

Tableau 4.5. **Impacts de l'intégration avec les marchés de l'UE sur le nombre d'animaux et le chargement animal**

	Référence (2012)	Intégration avec les marchés de l'UE	Intégration avec les marchés de l'UE et paiements complémentaires
Taux de variation du nombre d'animaux			
Bovins laitiers			
Suisse		-6	-6
Plaine		-8	-8
Collines		-4	-3
Montagne		-6	-7
Bovins à viande			
Suisse		-10	-6
Plaine		-17	-14
Collines		-6	-1
Montagne		-3	3
Chargement (bovins/ha)			
Suisse	2.1	2.0	2.0
Plaine	2.7	2.4	2.4
Collines	2.1	2.1	2.2
Montagne	1.5	1.6	1.5

Source : Simulation à l'aide du modèle d'évaluation des politiques de l'OCDE.

La modification de la production entraînerait directement une amélioration de la performance environnementale du secteur agricole, principalement sous l'influence du secteur de l'élevage.

La consommation d'engrais chimiques devrait légèrement diminuer (graphique 4.17). Les excrétions azotées baisseraient sensiblement, de 140 à 130 kilotonnes d'azote, soit de 7 %. L'ampleur de cette baisse est la même dans les trois régions pour le secteur laitier, alors qu'elle est beaucoup plus élevée dans les régions des collines et de montagne pour le secteur de la viande. L'intégration accrue des marchés suisses avec ceux de l'UE entraînerait donc une amélioration du BAB, avec une réduction de l'excédent d'azote de 10 kilotonnes.

Graphique 4.17. **Impacts de la libéralisation accrue des échanges sur une sélection d'indicateurs agroenvironnementaux**

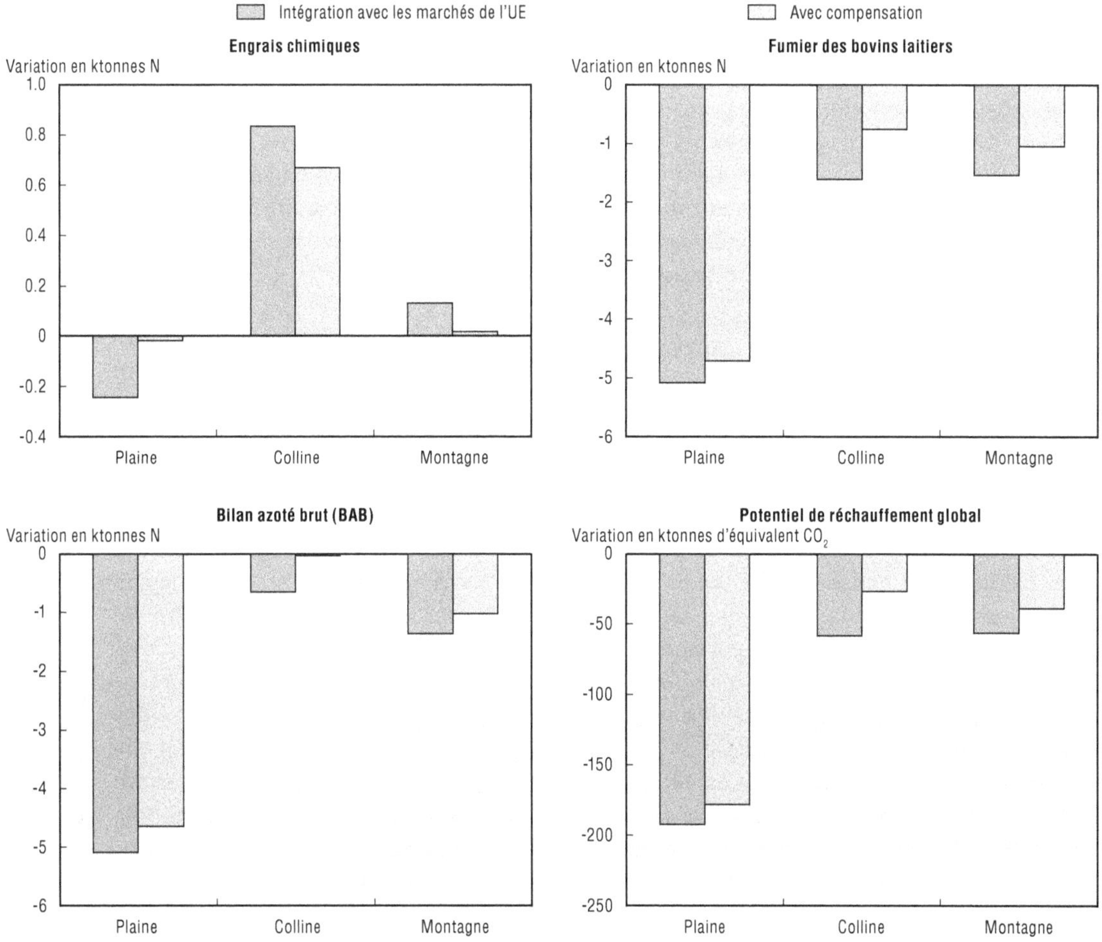

Source : Simulation à l'aide du modèle d'évaluation des politiques de l'OCDE.

L'excédent de nutriments azotés par hectare serait réduit de 6 kg dans les régions de plaine et des collines, et d'un maximum de 10 kg en montagne. Le même constat d'amélioration vaut aussi pour le phosphore. Enfin, le potentiel de réchauffement global diminuerait de 7 %, de 5 600 à 5 222 kilotonnes d'équivalent CO_2.

Encadré 4.3. **Autres études des effets quantitatifs de l'intégration des marchés suisses avec ceux de l'UE**

On trouve dans la littérature d'autres simulations des impacts quantitatifs, sur l'agriculture nationale, de l'intégration des marchés suisses avec ceux de l'UE. Il convient de noter un certain nombre de différences entre les hypothèses de ces modèles et celles du modèle MEP de l'OCDE utilisé dans ce rapport. Par exemple, le MEP n'intègre pas de projection concernant les évolutions des marchés ou les changements dans les structures d'exploitations agricoles. Nous présentons ici quelques une des études les plus pertinentes recensées dans la littérature.

Une étude a été réalisée avec le modèle SILAS (Agroscope) pour évaluer l'impact, sur la production et les revenus agricoles en 2016, d'un accord de libre-échange entre la Suisse et l'UE (Confédération suisse, 2008). L'hypothèse retenue est qu'avec cet accord, le prix des produits va s'aligner sur les quatre pays voisins de la Suisse, en même temps que l'écart des prix des intrants va se resserrer. Les paiements directs sont maintenus au même niveau que lors de la réforme de 2011. L'étude montre que la production de lait augmente alors que celle de viande et des cultures diminue. La baisse des recettes par produit n'est pas totalement compensée par la baisse des coûts de production, de sorte que les revenus du secteur sont réduits d'environ un tiers. La diminution des revenus serait plus prononcée dans les régions de plaine que de montagne, à la fois parce que les paiements directs représentent une part plus importante des revenus dans l'agriculture de montagne, et parce que le lait et la viande de veau sont moins concernés par la baisse des prix que d'autres produits (Confédération suisse, 2008).

Un rapport récent s'intéressant au secteur laitier présente d'autres simulations effectuées à l'aide du modèle CAPRI (Université de Bonn), centré sur les marchés, et du modèle SWISSland (Agroscope), centré sur l'offre. Le scénario relatif à l'accord de libre-échange repose sur l'hypothèse d'une libéralisation totale du secteur laitier suisse, mais non des autres secteurs agricoles comme les cultures et la viande (Confédération suisse, 2014). Avec le modèle CAPRI, la libéralisation du secteur laitier sans mesure compensatoire supplémentaire (scénario S_0) entraînerait une baisse de 40 % des prix intérieurs du beurre et de la crème, et de 30 % pour le lait entier en poudre. Le prix du fromage évoluerait légèrement à la hausse (+3 %), tandis que celui du lait écrémé resterait stable. La légère augmentation du prix au producteur pour le fromage est liée à la suppression dans le scénario S_0 de l'aide à la transformation fromagère, qui agit en Suisse comme un soutien à la production de fromage. Les simulations pour évaluer l'impact sur la production reposent sur l'hypothèse d'une diminution progressive de 20 % de l'écart des prix des intrants agricoles entre la Suisse et l'UE. En 2025, après les ajustements sectoriels, le volume de la production de lait est réduit de 6 % par rapport à la situation sans ouverture des marchés, la réduction étant plus marquée dans la région de plaine. Le modèle SWISSland obtient quant à lui une baisse du nombre de vaches laitières de quelque 4 %. Avec la contraction des prix et des volumes, les recettes du lait reculent de 640 millions CHF en cas de libéralisation totale du secteur laitier suisse sans mesure compensatrice, d'où une baisse des bénéfices pour les producteurs et les industries de transformation du lait. Du fait de l'accroissement du surplus du consommateur, l'impact de la libéralisation sur le bien-être est globalement positif (176 millions CHF). L'analyse montre que la réduction du revenu des producteurs de lait peut être fortement réduite si des mesures de soutien dans les limites actuelles continuent à être versées au secteur laitier.

Encadré 4.3. **Autres études des effets quantitatifs de l'intégration des marchés suisses avec ceux de l'UE** *(suite)*

Deux études réalisées par ETH Zürich utilisent le modèle agricole S_INTAGRAL pour évaluer l'impact des différents scénarios du prix à la production sur l'utilisation des terres, le bétail et les émissions de gaz à effet de serre jusqu'en 2020. Peter et al. (2009) montrent que ces émissions pourraient diminuer d'environ 4 % si un accord de libre-échange était conclu avec l'UE. Les ajustements structurels à long terme du secteur agricole (à l'horizon 2020) feraient toutefois repartir ces émissions à la hausse, avant qu'elles ne se stabilisent aux alentours de leur niveau de référence. Une analyse plus détaillée montre que dans le scénario de libéralisation, les émissions de CH_4 dues à la fermentation entérique des herbivores augmentent par rapport à la situation actuelle, mais que cette hausse est compensée par une baisse des émissions de CH_4 provenant de la gestion du fumier, ainsi que des émissions de N_2O émanant des sols agricoles (Hartmann et al., 2009, p. 19). Selon ces études, le nombre de vaches et de bovins en général serait très proche dans les deux scénarios, après les ajustements du secteur à la libéralisation.

Notes

1. Ces trois régions sont définies par l'Office fédéral de la statistique de la Confédération suisse.
2. Pour la définition des différentes étapes de la réforme de la politique agricole en Suisse, voir Hofer, E. (2009), « A Survey of Swiss Agricultural Policy Reform (1982-2007) » Office fédéral de l'agriculture. Pour plus de simplicité, les quatre périodes de réforme auxquelles se réfère le chapitre 3 sont désignées par leurs années de mise en œuvre : RP 93-98, RP 99-03, RP 04-07 et RP 08-12.
3. Il convient de noter que le MEP n'intègre pas toutes les catégories de soutien aux producteurs. Seuls cinq groupes de denrées agricoles y sont inclus (blé, céréales secondaires, graines oléagineuses, lait et viande bovine) ; le modèle n'inclut pas non plus les paiements selon des critères non liés à des produits de base, ceux effectués en fonction de l'utilisation d'intrants variables, ainsi que certains paiements au titre de la superficie/du nombre d'animaux courants dont le produit/groupe de produits n'est pas couvert par le modèle. Alors que les paiements au titre du nombre d'animaux versés pour tout le bétail (TGP 7) ne sont pas pris en compte dans le MEP, les paiements pour « entretien d'un cheptel dans des conditions difficiles » et pour « sortie régulière des animaux en plein air » le sont, à condition que ces paiements soient effectués uniquement sur la base du nombre d'animaux. De la même manière, les paiements au titre de la superficie courante de céréales et de graines oléagineuses (TGP 10) et de l'ensemble des cultures – à l'exception de la vigne – (TGP 11) sont supposés être calculés à partir de la zone de production de toutes les cultures (TGP 1).
4. En l'occurrence, la simulation du MEP a remplacé les taux de subventions qui étaient appliqués pendant toute la période de la première réforme (RP 93-98) par une moyenne des taux pratiqués au cours de la période précédente (1988-92). Les impacts de la RP 93-98 sont présentés comme les impacts moyens résultant des simulations réalisées chaque année entre 1993 et 1998.
5. Le MEP simule les résultats comme si la situation n'avait pas changé et que la politique en vigueur au cours de la période précédente était toujours en place, sans tenir compte des facteurs exogènes autres que les politiques modélisées. Le modèle est paramétré de façon à reproduire l'équilibre à moyen terme des marchés (sur environ cinq ans). Par conséquent, les résultats de la simulation ne coïncident pas nécessairement avec les changements observés au regard de la production, de l'utilisation des terres, du nombre d'animaux et des performances environnementales.
6. L'interprétation des résultats de la simulation a par ailleurs mis en évidence plusieurs points faibles du MEP. Premièrement, le MEP ne modélise que cinq grandes catégories de denrées agricoles (blé, céréales secondaires, graines oléagineuses, lait et viande bovine) ainsi qu'une sous-catégorie de paiements recodés dans les données de l'ESP. Deuxièmement, les résultats de la simulation reposent sur des hypothèses de relations d'offre et de demande, les marchés des facteurs de production et de denrées agricoles étant appréhendés à l'aide d'équations linéaires à élasticité constante. Troisièmement, le modèle ne tient pas explicitement compte des mesures réglementaires en place ou de la notion de conditionnalité associée au versement des paiements

(par exemple, une exigence de prestations écologiques). Pour en savoir plus sur le MEP de l'OCDE, voir l'encadré 3.1 et le document technique *TAD/CA/APM/WP(2014)28FINAL*.

7. Le MEP de l'OCDE ne fait pas de différence entre les terres louées ou celles appartenant à l'exploitation. La simulation repose sur l'hypothèse que les exploitants sont propriétaires des terres. Cela dit, pour déterminer qui bénéficie de la valeur foncière conférée par le programme des réformes, des tarifs moyens de fermage peuvent être utilisés pour ventiler ladite valeur entre les exploitants qui possèdent leurs terres et les propriétaires qui louent leurs terres. Les données fournies par Agroscope concernant l'étude du Réseau d'information comptable agricole suisse montrent que le pourcentage de terres louées est resté stable (41-45 %) dans la région de plaine pendant la période 1990-2012. Ce pourcentage est plus faible dans les zones de collines (35-40 %) et de montagne (33-41 %). Cela veut donc dire que 60 à 70 % de l'augmentation de la rente foncière du producteur peut bénéficier aux exploitants, et le reste aux propriétaires terriens (qui généralement n'exploitent pas leurs terres). Ce pourcentage peut être considéré comme un minimum, car il est probable qu'il existe des accords de fermage entre les agriculteurs, qui font que le propriétaire des terres et celui qui les loue sont tous deux des exploitants, la conséquence étant que le surplus éventuel reste dans le secteur agricole.
8. La valeur du « Total » correspond à l'impact sur le bien-être du programme de réforme RP 08-12 par rapport aux dispositions en vigueur à la période de pré-réforme. Elle n'est donc pas forcément égale à la somme des impacts des quatre programmes de réforme, qui sont évalués par rapport à la politique en vigueur lors de la période précédente.
9. Le MEP de l'OCDE ne modélise pas explicitement les changements structurels par la comptabilisation du nombre d'exploitations qui se créent ou qui disparaissent. La baisse du surplus du producteur peut entraîner la disparition des exploitations non viables économiquement. Dans la réalité, le nombre d'exploitations a diminué de 1.8 % par an pendant la période 2000-12. La baisse du surplus du producteur est probablement plus faible au niveau de chaque exploitation qu'au niveau du secteur.
10. La baisse du coût du soutien pris en charge par le consommateur peut aussi être interprétée comme une hausse du surplus du consommateur. De la même manière, la hausse du coût du soutien financée par le contribuable équivaut à une diminution du bien-être de ce dernier.
11. L'étude réalisée à l'aide du MEP n'évalue pas les impacts directs des réformes de la politique agricole sur la préservation de la biodiversité ni sur la qualité et la diversité du paysage, qui sont également des objectifs importants des pouvoirs publics suisses.
12. Pour ce qui est des catégories d'animaux non modélisées sur les marchés des facteurs (par exemple, les porcs, la volaille et les moutons), on suppose que les excrétions se maintiennent à un niveau constant dans chacune des régions.
13. La même méthodologie et les mêmes coefficients sont utilisés dans la présente étude ainsi que par l'Office fédéral de la statistique de la Confédération suisse (OFS) pour calculer les bilans des nutriments dans le Compendium des indicateurs agro-environnementaux de l'OCDE (OCDE, 2013a). Les valeurs de référence sont en revanche différentes : dans la présente étude, elles concernent uniquement les trois régions agricoles officielles (plaine, collines et montagne), alors que pour l'OFS, le BAB inclut également les terres classées comme non agricoles (les pâturages d'été des zones alpines) (Kohler, 2014). Un document technique fournit des détails sur la méthodologie employée pour l'évaluation de la performance environnementale, ainsi que des références bibliographiques et les sources de données (OCDE, 2014).
14. La présente étude suit la méthode de niveau 3 du GIEC, la plus détaillée. Elle utilise les coefficients spécifiques à la Suisse de l'inventaire suisse des gaz à effet de serre 1990-2010 (Bretscher, 2012 ; OFEV, 2012) et, pour les bovins laitiers, les coefficients corrigés de la productivité laitière. Pour des soucis d'homogénéité, les émissions de N_2O provenant des sols agricoles sont calculées à partir des apports d'azote du BAB (par exemple : engrais chimiques, fumier ou retombées atmosphériques) (voir OCDE, 2014).
15. Pour le PRG dans 100 ans, l'équivalence CO_2 est de 21 tonnes par tonne de CH_4 et de 310 par tonne de N_2O (CCNUCC, 2014).
16. Le budget annuel moyen prévu pour les paiements directs en 2014 et 2017 s'élève à 2 785 millions CHF, soit en légère baisse par rapport à 2012 (2 804 millions CHF). Le montant total des paiements modélisés dans le MEP ne coïncide pas avec ces chiffres car le modèle ne tient pas compte de certains paiements directs tels que les paiements selon des critères non liés à des produits de base.
17. Les impacts des nouvelles dispositions sur la production sont simulés en supposant que tous les facteurs exogènes demeurent au même niveau qu'en 2012, hormis ceux liés au changement de

politique. Dans la pratique, la production risque de s'accroître sous l'effet de l'augmentation des prix mondiaux ou de la modification de la structure de la demande, en Suisse ou dans les autres pays.

18. Même si le budget agricole est supposé rester constant sur la période 2014-17, le coût pour le contribuable calculé dans le modèle PEM de l'OCDE est réduit, du fait d'un basculement partiel sur les paiements non liés à des produits de base, qui ne sont pas inclus dans le modèle.

19. En 2012, le pourcentage de terres louées était de 43 % en plaine, de 37 % dans les collines et de 35 % en montagne (Source : Agroscope, Réseau d'information comptable agricole suisse).

20. Les prix à la production du blé, des céréales secondaires et des graines oléagineuses présentés sur le graphique 3.15 proviennent de la base de données des ESP et des ESC et sont calibrés conformément à la définition des groupes de produits du MEP (voir le tableau 1 du document technique *TAD/CA/APM/WP(2014)28FINAL*). Ces prix sont la synthèse de différents types de blés, de céréales secondaires et de graines oléagineuses, à la fois à usage alimentaire et non alimentaire.

21. La simulation utilise les mêmes prix intérieurs sur les marchés suisses et ceux de l'UE. Dans la pratique, cependant, certains produits peuvent continuer à être plus chers en Suisse du fait de la différence de qualité et de la préférence du consommateur pour les produits nationaux.

22. La perte de bien-être pour les producteurs pourrait être de seulement 754 millions CHF dans le cas où toutes les terres louées appartiennent à des non exploitants.

23. Le résultat de la simulation fait apparaître des effets légèrement positifs sur la production de céréales secondaires et d'huiles oléagineuses : l'amélioration de la rentabilité relative de ces cultures incite en effet à abandonner le blé pour privilégier ces deux denrées. Le modèle part de l'hypothèse que les paiements au titre des superficies pour la culture d'huiles oléagineuses restent au même niveau qu'en 2012.

24. La principale raison serait l'augmentation de la consommation intérieure due à une baisse d'environ 50 % des prix intérieurs. En supposant que la demande de viande bovine soit moins élastique à la variation du prix, le pourcentage d'autosuffisance serait de 59 % et 62 %, respectivement avec et sans paiements complémentaires.

25. La simulation part de l'hypothèse que la demande intérieure de lait liquide est intégralement satisfaite par la production intérieure. L'augmentation des importations de lait dont fait état le MEP concerne le lait transformé tel que le lait écrémé en poudre, le fromage et le beurre.

Références

Aviron, S., H. Nitsch, P. Jeanneret, S. Buholzer, H. Luka, L. Pfiffner, S. Pozzi, B. Schüpbach, T. Walter et F. Herzog (2009), « Ecological cross-compliance promotes farmland biodiversity in Switzerland », *Frontieres in Ecology and Environment*, vol. 7, pp. 247-252.

Bretscher, D. (2012), « Agricultural CH_4 and N_2O emissions in Switzerland QA/QC », Ettenhausen, Agroscope Reckenholz Tänikon Research Station (ART).

CCNUCC (2014), « Global Warming Potential referenced to the updated decay response for the Bern carbon cycle model and future CO_2 atmospheric concentrations held constant at current levels », *http://unfccc.int/ghg_data/items/3825.php* (consulté le 20/01/2014).

Confédération suisse (2014), Ouverture sectorielle réciproque du marché avec l'UE pour tous les produits laitiers, *Rapport du Conseil fédéral*, Berne, Confédération suisse : 112.

Confédération suisse (2012), Évaluation et répercussions de l'accord de libre-échange du fromage entre la Suisse et l'UE, Résumé de l'évaluation effectuée par BAKBASEL sur mandat de l'Office fédéral de l'agriculture, Berne, Confédération suisse, Office fédéral de l'agriculture : 6.

Confédération suisse (2008), Négociations Suisse-UE pour un accord de libre-échange dans le domaine agro-alimentaire (ALEA) ; Négociations Suisse-UE pour un accord dans le domaine de la santé publique (ASP), Résultats de l'exploration et analyse, Berne, Confédération suisse, Département fédéral de l'intérieur DFI, Département fédéral des affaires étrangères DFAE, Département fédéral de l'économie DFE : 45.

Eurostat (2013), « Methodology and Handbook Eurostat/OECD », Nutrient Budgets, EU-27, Norway, Switzerland, Version 1.02. Luxembourg, Commission européenne, Eurostat: 112.

GIEC (2006), Lignes directrices 2006 du GIEC pour les inventaires nationaux de gaz à effet de serre, Groupe d'experts intergouvernemental sur l'évolution du climat.

Hartmann, M., R. Huber, S. Peter, et B. Lehmann (2009), « Strategies to mitigate greenhouse gas and nitrogen emissions in Swiss agriculture: the application of an integrated sector model », *IED Working Paper* 9: 28. Zurich : ETH Zurich, Institute for Environmental Decisions IED.

Herzog, F., V. Prasuhn, E. Spiess, et W. Richner (2008), « Environmental cross-compliance mitigates nitrogen and phosphorus pollution from Swiss agriculture », *Environmental Science and Policy*, vol. 2, pp. 655-668.

Kohler, F. (2014b), « Metadata template nutrient budgets », Berne, Office fédéral de la statistique.

Martini, R. (2011), « Long Term Trends in Agricultural Policy Impacts », *Documents de travail de l'OCDE sur l'alimentation, l'agriculture et les pêcheries*, n° 45, Éditions OCDE.

OCDE (2014), Assessing the environmental impacts of agricultural policies with PEM: framework and application to Switzerland [*TAD/CA/APM/WP(2014)28FINAL*], Paris, France, OCDE.

OCDE (2013a), *Compendium des indicateurs agro-environnementaux de l'OCDE*, Éditions OCDE, Paris.

OCDE (2013b), *Politiques agricoles : suivi et évaluation 2013 – Pays de l'OCDE et économies émergentes*, Éditions OCDE, Paris.

OFAG (2013), *Rapport agricole 2013*, Berne, Office fédéral de l'agriculture.

OFEV (2012), *Switzerland's Greenhouse Gas Inventory 1990–2010. National Inventory Report 2012 including reporting elements under the Kyoto Protocol*, Submission of 13 April 2012 under the United Nations Framework Convention on Climate Change and under the Kyoto Protocol Bern, Office fédéral de l'environnement.

Peter, S., M. Hartmann, M. Weber, B. Lehmann, et W. Hediger W (2009), THG 2020 – Möglichkeiten und Grenzen zur Vermeidung landwirtschaftlicher Treibhausgase in der Schweiz. Zürich, ETH Zürich, Institut für Umweltentscheidungen: 142.

Spiess, E. (2011), « Nitrogen, phosphorus and potassium balances and cycles of Swiss agriculture from 1975 to 2008 », *Nutrient Cycling in Agroecosystems*, vol. 91, pp. 351-365.

Zimmermann, A., A. Möhring, G. Mack, S. Mann, A. Ferjani, et M.-P. Gennaio Franscini (2011, Les conséquences d'une réforme du système des paiements directs : Simulations à l'aide de modèles SILAS et SWISSland, Rapport ART 744, Agroscope Reckenholz-Tänikon ART: 16.

ANNEXE 4.A1

Évaluation environnementale des reformes de la politique agricole en Suisse

Tableau 4.A1.1. **Évaluation environnementale des réformes passées de la politique agricole en Suisse**

			RP 93-98	RP 99-03	RP 04-07	RP 08-12	RP 93-98	RP 99-03	RP 04-07	RP 08-12	RP 93-98	RP 99-03	RP 04-07	RP 08-12	RP 93-98	RP 99-03	RP 04-07	RP 08-12
Variable	Région	Unité	Actuel	Actuel	Actuel	Actuel	Sans réforme	Sans réforme	Sans réforme	Sans réforme	Variation	Variation	Variation	Variation	% variation	% variation	% variation	% variation
Quantité de pesticides (cultures principales)	CHE	ktonnes a.i.	0.61	0.39	0.38	0.35	0.78	0.71	0.42	0.46	-0.18	-0.32	-0.04	-0.10	-23	-45	-10	-22
N Engrais chimiques (cultures principales)	CHE	ktonnes N	39.61	24.16	20.57	18.08	50.96	44.45	23.48	22.88	-11.35	-20.30	-2.91	-4.80	-22	-46	-12	-21
N Engrais chimiques (autres terres)	CHE	ktonnes N	22.24	24.29	24.73	26.00	21.44	23.87	24.68	25.90	0.80	0.41	0.05	0.11	4	2	0	0
N Engrais chimiques (total)	CHE	ktonnes N	61.85	48.44	45.31	44.09	72.40	68.33	48.17	48.78	-10.55	-19.88	-2.86	-4.69	-15	-29	-6	-10
N fixation biologique	CHE	ktonnes N	31.40	32.28	32.62	32.61	31.86	31.89	32.42	32.62	-0.46	0.39	0.20	-0.01	-1	1	1	0
N dépôts atmosphériques	CHE	ktonnes N	20.50	20.44	20.31	20.11	20.47	20.42	20.31	20.11	0.03	0.02	0.01	0.00	0	0	0	0
N fumier de bovins laitiers	CHE	ktonnes N	75.52	71.84	69.25	68.94	75.58	80.20	67.28	65.18	-0.07	-8.35	1.97	3.76	0	-10	3	6
N fumier de bovins à viande	CHE	ktonnes N	34.65	33.47	35.22	38.07	36.86	30.40	31.25	35.25	-2.22	3.07	3.97	2.82	-6	10	13	8
N fumier d'autres animaux	CHE	ktonnes N	34.57	32.67	33.22	33.38	34.57	32.67	33.22	33.38	0.00	0.00	0.00	0.00	0	0	0	0
N fumier (total)	CHE	ktonnes N	144.73	137.98	137.69	140.38	147.02	143.27	131.75	133.81	-2.29	-5.29	5.94	6.57	-2	-4	5	5
N apports totaux	CHE	ktonnes N	258.48	239.15	235.93	237.19	271.75	263.91	232.64	235.31	-13.27	-24.76	3.29	1.87	-5	-9	1	1
N prélèvements (cultures principales)	CHE	ktonnes N	21.17	17.40	17.99	17.13	27.98	33.05	21.47	21.59	-6.80	-15.64	-3.48	-4.45	-24	-47	-16	-21
N prélèvements (autres terres)	CHE	ktonnes N	132.41	132.71	132.99	133.44	132.56	131.00	132.35	133.26	-0.14	1.70	0.63	0.17	0	1	0	0
N prélèvements (total)	CHE	ktonnes N	153.59	150.11	150.98	150.57	160.53	164.05	153.83	154.85	-6.95	-13.94	-2.85	-4.28	-4	-8	-2	-3
Bilan Azoté Brut	CHE	ktonnes N	104.89	89.04	84.95	86.62	111.21	99.86	78.82	80.46	-6.32	-10.82	6.13	6.16	-6	-11	8	8
P engrais chimiques (cultures principales)	CHE	ktonnes P	6.61	4.03	3.43	3.02	8.51	7.42	3.92	3.82	-1.89	-3.39	-0.49	-0.80	-22	-46	-12	-21
P engrais chimiques (autres terres)	CHE	ktonnes P	3.54	3.60	3.61	3.75	3.23	3.52	3.63	3.72	0.32	0.08	-0.01	0.04	10	2	0	1
P engrais chimiques (total)	CHE	ktonnes P	10.16	7.63	7.04	6.77	11.73	10.94	7.54	7.54	-1.58	-3.31	-0.50	-0.77	-13	-30	-7	-10
P dépôts atmosphériques	CHE	ktonnes P	0.39	0.31	0.30	0.29	0.39	0.31	0.30	0.29	0.00	0.00	0.00	0.00	0	0	0	0
P fumier de bovins laitiers	CHE	ktonnes P	11.93	10.69	10.34	10.23	11.95	11.85	10.05	9.62	-0.02	-1.16	0.29	0.61	0	-10	3	6
P fumier de bovins à viande	CHE	ktonnes P	5.03	4.93	5.19	5.57	5.35	4.48	4.61	5.16	-0.32	0.45	0.59	0.41	-6	10	13	8
P fumier d'autres animaux	CHE	ktonnes P	9.33	9.28	9.78	9.78	9.33	9.28	9.78	9.78	0.00	0.00	0.00	0.00	0	0	0	0

Tableau 4.A1.1. **Évaluation environnementale des réformes passées de la politique agricole en Suisse** *(suite)*

			RP 93-98	RP 99-03	RP 04-07	RP 08-12	RP 93-98	RP 99-03	RP 04-07	RP 08-12	RP 93-98	RP 99-03	RP 04-07	RP 08-12	RP 93-98	RP 99-03	RP 04-07	RP 08-12
Variable	Région	Unité	Actuel	Actuel	Actuel	Actuel	Sans réforme	Sans réforme	Sans réforme	Sans réforme	Variation	Variation	Variation	Variation	% variation	% variation	% variation	% variation
P fumier (total)	CHE	ktonnes P	26.29	24.90	25.31	25.58	26.63	25.61	24.43	24.56	-0.34	-0.71	0.88	1.02	-1	-3	4	4
P apports totaux	CHE	ktonnes P	36.83	32.85	32.65	32.64	38.75	36.87	32.27	32.39	-1.92	-4.02	0.38	0.26	-5	-11	1	1
P prélèvements (cultures principales)	CHE	ktonnes P	4.19	3.42	3.56	3.39	5.64	6.42	4.23	4.33	-1.45	-3.00	-0.66	-0.95	-26	-47	-16	-22
P prélèvements (autres terres)	CHE	ktonnes P	21.27	21.84	21.99	22.26	21.26	21.57	21.89	22.23	0.01	0.27	0.10	0.03	0	1	0	0
P prélèvements (total)	CHE	ktonnes P	25.46	25.26	25.55	25.64	26.89	27.99	26.12	26.56	-1.44	-2.73	-0.57	-0.92	-5	-10	-2	-3
Bilan brut du phosphore	CHE	ktonnes P	11.38	7.59	7.10	7.00	11.85	8.88	6.16	5.83	-0.48	-1.29	0.94	1.17	-4	-15	15	20
CH_4 fermentation entérique (bovins laitiers)	CHE	ktonnes CH_4	85.82	80.94	79.30	81.36	85.90	90.26	77.10	77.12	-0.08	-9.32	2.19	4.25	0	-10	3	6
CH_4 gestion (bovins laitiers)	CHE	ktonnes CH_4	16.29	15.39	15.41	15.96	16.31	17.16	14.99	15.12	-0.02	-1.77	0.42	0.83	0	-10	3	6
CH_4 émissions (bovins laitiers)	CHE	ktonnes CH_4	102.11	96.32	94.71	97.32	102.21	107.42	92.09	92.24	-0.10	-11.10	2.61	5.08	0	-10	3	6
CH_4 fermentation entérique (bovins viande)	CHE	ktonnes CH_4	35.53	34.63	36.00	38.78	37.77	31.45	31.94	35.91	-2.24	3.18	4.06	2.87	-6	10	13	8
CH4 gestion du fumier (bovins viande)	CHE	ktonnes CH_4	4.40	4.20	4.54	5.02	4.67	3.82	4.03	4.65	-0.27	0.38	0.51	0.37	-6	10	13	8
CH_4 émissions (bovins à viande)	CHE	ktonnes CH_4	39.93	38.83	40.53	43.80	42.44	35.26	35.96	40.55	-2.51	3.57	4.57	3.24	-6	10	13	8
CH_4 émissions (bovins)	CHE	ktonnes CH_4	142.04	135.16	135.24	141.12	144.65	142.68	128.06	132.79	-2.61	-7.53	7.19	8.32	-2	-5	6	6
CH_4 d'autres animaux	CHE	ktonnes CH_4	18.31	18.52	19.43	19.31	18.31	18.52	19.43	19.31	0.00	0.00	0.00	0.00	0	0	0	0
CH_4 émissions (total)	CHE	ktonnes CH_4	160.35	153.68	154.67	160.42	162.96	161.20	147.48	152.10	-2.61	-7.53	7.19	8.32	-2	-5	5	5
N_2O manure management	CHE	ktonnes N_2O	1.34	1.17	1.09	1.11	1.36	1.19	1.05	1.06	-0.03	-0.02	0.05	0.05	-2	-2	5	4
N_2O émissions directes du sol	CHE	ktonnes N_2O	3.95	3.57	3.52	3.54	4.22	4.06	3.52	3.59	-0.28	-0.49	0.00	-0.05	-7	-12	0	-2
N_2O pâturage, parcours et enclos	CHE	ktonnes N_2O	0.51	0.76	0.82	0.84	0.52	0.79	0.79	0.81	-0.01	-0.03	0.04	0.04	-2	-4	5	5
N_2O dépôts atmosphériques	CHE	ktonnes N_2O	0.32	0.32	0.32	0.32	0.32	0.32	0.32	0.32	0.00	0.00	0.00	0.00	0	0	0	0
N_2O lessivage et ruissellement	CHE	ktonnes N_2O	1.62	1.46	1.44	1.45	1.72	1.66	1.41	1.43	-0.10	-0.20	0.02	0.01	-6	-12	2	1
N_2O émissions (total)	CHE	ktonnes N_2O	7.74	7.28	7.19	7.25	8.16	8.02	7.09	7.21	-0.41	-0.74	0.11	0.05	-5	-9	2	1
Potentiel de réchauffement global	CHE	ktonnes éqCO_2	5 768.22	5 483.65	5 477.70	5 617.13	5 950.36	5 870.77	5 293.80	5 428.30	-182.14	-387.12	183.90	188.83	-3	-7	3	3

Source : Simulation à l'aide du modèle d'évaluation des politiques de l'OCDE.

Tableau 4.A1.2. Évaluation environnementale de la PA 14-17 et des réformes ultérieures en Suisse

			2012	PA 14-17	Intégration marchés UE	Avec compensation	PA 14-17	Intégration marchés UE	Avec compensation	PA 14-17	Intégration marchés UE	Avec compensation
Variable	Région	Unités	Actuel	Réforme	Réforme	Réforme	Variation	Variation	Variation	% variation	% variation	% variation
Quantité de pesticides (cultures principales)	CHE	ktonnes a.i.	0.34	0.34	0.34	0.34	0.00	0.00	0.00	0	1	1
N Engrais chimiques (cultures principales)	CHE	ktonnes N	17.76	17.86	17.60	17.80	0.09	-0.16	0.04	1	-1	0
N Engrais chimiques (autres terres)	CHE	ktonnes N	26.23	26.31	27.12	26.86	0.08	0.89	0.63	0	3	2
N Engrais chimiques (total)	CHE	ktonnes N	43.99	44.17	44.71	44.66	0.17	0.72	0.67	0	2	2
N fixation biologique	CHE	ktonnes N	32.54	32.35	31.81	32.01	-0.19	-0.72	-0.53	-1	-2	-2
N dépôts atmosphériques	CHE	ktonnes N	20.06	20.05	19.92	20.00	-0.01	-0.15	-0.06	0	-1	0
N fumier de bovins laitiers	CHE	ktonnes N	68.44	64.55	63.89	64.05	-3.89	-4.55	-4.40	-6	-7	-6
N fumier de bovins à viande	CHE	ktonnes N	37.69	30.85	34.01	35.58	-6.85	-3.68	-2.11	-18	-10	-6
N fumier d'autres animaux	CHE	ktonnes N	33.26	33.26	33.26	33.26	0.00	0.00	0.00	0	0	0
N fumier (total)	CHE	ktonnes N	139.39	128.65	131.16	132.88	-10.74	-8.24	-6.51	-8	-6	-5
N apports totaux	CHE	ktonnes N	235.98	225.22	227.60	229.56	-10.76	-8.38	-6.43	-5	-4	-3
N prélèvements (cultures principales)	CHE	ktonnes N	16.55	16.69	16.15	16.41	0.14	-0.40	-0.13	1	-2	-1
N prélèvements (autres terres)	CHE	ktonnes N	132.85	132.44	131.95	132.24	-0.41	-0.90	-0.60	0	-1	0
N prélèvements (total)	CHE	ktonnes N	149.39	149.13	148.10	148.66	-0.27	-1.29	-0.74	0	-1	0
Bilan Azoté Brut	CHE	ktonnes N	86.59	76.10	79.50	80.90	-10.49	-7.09	-5.69	-12	-8	-7
P engrais chimiques (cultures principales)	CHE	ktonnes P	2.96	2.98	2.94	2.97	0.02	-0.03	0.01	1	-1	0
P engrais chimiques (autres terres)	CHE	ktonnes P	3.75	3.80	4.12	4.03	0.05	0.37	0.28	1	10	7
P engrais chimiques (total)	CHE	ktonnes P	6.71	6.78	7.05	7.00	0.07	0.34	0.29	1	5	4
P dépôts atmosphériques	CHE	ktonnes P	0.29	0.29	0.29	0.29	0.00	0.00	0.00	0	-1	0
P fumier de bovins laitiers	CHE	ktonnes P	10.21	9.53	9.58	9.60	-0.68	-0.64	-0.61	-7	-6	-6
P fumier de bovins à viande	CHE	ktonnes P	5.51	4.51	4.98	5.20	-1.00	-0.54	-0.31	-18	-10	-6
P fumier d'autres animaux	CHE	ktonnes P	9.65	9.65	9.65	9.65	0.00	0.00	0.00	0	0	0

Tableau 4.A1.2. **Évaluation environnementale de la PA 14-17 et des réformes ultérieures en Suisse** *(suite)*

			2012	PA 14-17	Intégration marchés UE	Avec compensation	PA 14-17	Intégration marchés UE	Avec compensation	PA 14-17	Intégration marchés UE	Avec compensation
Variable	Région	Unités	Actuel	Réforme	Réforme	Réforme	Variation	Variation	Variation	% variation	% variation	% variation
P fumier (total)	CHE	ktonnes P	25.37	23.69	24.20	24.45	-1.68	-1.18	-0.92	-7	-5	-4
P apports totaux	CHE	ktonnes P	32.38	30.76	31.54	31.74	-1.61	-0.84	-0.64	-5	-3	-2
P prélèvements (cultures principales)	CHE	ktonnes P	3.27	3.30	3.23	3.27	0.03	-0.04	0.00	1	-1	0
P prélèvements (autres terres)	CHE	ktonnes P	22.30	22.23	22.15	22.21	-0.06	-0.15	-0.09	0	-1	0
P prélèvements (total)	CHE	ktonnes P	25.57	25.53	25.38	25.48	-0.04	-0.18	-0.09	0	-1	0
Bilan brut du phosphore	CHE	ktonnes P	6.81	5.23	6.16	6.26	-1.57	-0.65	-0.55	-23	-10	-8
CH_4 fermentation entérique (bovins laitiers)	CHE	ktonnes CH_4	81.28	77.08	75.72	75.94	-4.21	-5.56	-5.34	-5	-7	-7
CH_4 gestion (bovins laitiers)	CHE	ktonnes CH_4	15.94	15.11	14.85	14.89	-0.82	-1.09	-1.05	-5	-7	-7
CH_4 émissions (bovins laitiers)	CHE	ktonnes CH_4	97.22	92.19	90.56	90.83	-5.03	-6.66	-6.38	-5	-7	-7
CH_4 fermentation entérique (bovins viande)	CHE	ktonnes CH_4	38.53	31.53	34.77	36.37	-6.99	-3.76	-2.15	-18	-10	-6
CH4 gestion du fumier (bovins viande)	CHE	ktonnes CH_4	5.01	4.10	4.52	4.73	-0.91	-0.49	-0.28	-18	-10	-6
CH_4 émissions (bovins à viande)	CHE	ktonnes CH_4	43.54	35.63	39.29	41.10	-7.90	-4.25	-2.43	-18	-10	-6
CH_4 émissions (bovins)	CHE	ktonnes CH_4	140.76	127.82	129.85	131.94	-12.94	-10.90	-8.82	-9	-8	-6
CH_4 d'autres animaux	CHE	ktonnes CH_4	19.17	19.17	19.17	19.17	0.00	0.00	0.00	0	0	0
CH_4 émissions (total)	CHE	ktonnes CH_4	159.93	146.99	149.03	151.11	-12.94	-10.90	-8.82	-8	-7	-6
N_2O gestion du fumier	CHE	ktonnes N_2O	1.11	1.02	1.05	1.06	-0.08	-0.06	-0.04	-7	-5	-4
N_2O émissions directes du sol	CHE	ktonnes N_2O	3.53	2.98	3.01	3.03	-0.54	-0.52	-0.50	-15	-15	-14
N_2O pâturage, parcours et enclos	CHE	ktonnes N_2O	0.84	0.78	0.79	0.80	-0.06	-0.05	-0.04	-8	-6	-5
N_2O dépôts atmosphériques	CHE	ktonnes N_2O	0.32	0.32	0.31	0.31	0.00	0.00	0.00	0	-1	0
N_2O lessivage et ruissellement	CHE	ktonnes N_2O	1.44	1.36	1.38	1.39	-0.08	-0.06	-0.05	-6	-4	-3
N_2O émissions (total)	CHE	ktonnes N_2O	7.23	6.46	6.54	6.60	-0.77	-0.69	-0.63	-11	-10	-9
Potentiel de réchauffement global	CHE	ktonnes éqCO_2	5 599.54	5 222.15	5 293.04	5 355.80	-377.39	-306.51	-243.74	-7	-5	-4

Source : Simulation à l'aide du modèle d'évaluation des politiques de l'OCDE.

Tableau 4.A1.3. Évaluation environnementale des réformes passées : région de plaine

Variable	Région	Unité	RP 93-98 Actuel	RP 99-03 Actuel	RP 04-07 Actuel	RP 08-12 Actuel	RP 93-98 Sans réforme	RP 99-03 Sans réforme	RP 04-07 Sans réforme	RP 08-12 Sans réforme	RP 93-98 Variation	RP 99-03 Variation	RP 04-07 Variation	RP 08-12 Variation	RP 93-98 % variation	RP 99-03 % variation	RP 04-07 % variation	RP 08-12 % variation
Quantité de pesticides (cultures principales)	chp	ktonnes a.i.	0.51	0.33	0.33	0.31	0.67	0.60	0.36	0.40	-0.15	-0.27	-0.04	-0.09	-23	-45	-10	-23
N Engrais chimiques (cultures principales)	chp	ktonnes N	33.22	20.37	17.59	15.55	42.96	37.49	20.06	19.71	-9.74	-17.12	-2.47	-4.16	-23	-46	-12	-21
N Engrais chimiques (autres terres)	chp	ktonnes N	15.64	16.78	17.04	17.99	15.06	16.36	16.97	17.89	0.58	0.42	0.06	0.10	4	3	0	1
N Engrais chimiques (total)	chp	ktonnes N	48.86	37.15	34.63	33.54	58.03	53.85	37.03	37.60	-9.16	-16.71	-2.40	-4.06	-16	-31	-6	-11
N fixation biologique	chp	ktonnes N	15.73	16.03	16.25	16.29	16.02	15.70	16.08	16.30	-0.29	0.33	0.17	-0.01	-2	2	1	0
N dépôts atmosphériques	chp	ktonnes N	10.23	10.12	10.01	9.90	10.21	10.10	10.01	9.90	0.02	0.02	0.00	0.00	0	0	0	0
N fumier de bovins laitiers	chp	ktonnes N	35.24	33.21	31.29	31.05	35.03	37.00	30.70	30.19	0.21	-3.79	0.59	0.86	1	-10	2	3
N fumier de bovins à viande	chp	ktonnes N	15.20	13.93	14.30	15.67	16.57	13.26	12.69	15.57	-1.37	0.67	1.61	0.10	-8	5	13	1
N fumier d'autres animaux	chp	ktonnes N	19.87	17.95	18.40	18.67	19.87	17.95	18.40	18.67	0.00	0.00	0.00	0.00	0	0	0	0
N fumier (total)	chp	ktonnes N	70.30	65.10	63.98	65.39	71.47	68.21	61.79	64.43	-1.17	-3.12	2.19	0.96	-2	-5	4	1
N apports totaux	chp	ktonnes N	145.13	128.39	124.88	125.13	155.73	147.86	124.91	128.23	-10.60	-19.47	-0.04	-3.10	-7	-13	0	-2
N prélèvements (cultures principales)	chp	ktonnes N	17.60	14.58	15.30	14.67	23.37	27.76	18.27	18.48	-5.77	-13.19	-2.97	-3.81	-25	-47	-16	-21
N prélèvements (autres terres)	chp	ktonnes N	67.86	67.30	67.40	68.29	67.69	65.77	66.85	68.13	0.17	1.53	0.55	0.16	0	2	1	0
N prélèvements (total)	chp	ktonnes N	85.45	81.87	82.70	82.96	91.06	93.53	85.12	86.61	-5.60	-11.66	-2.42	-3.65	-6	-12	-3	-4
Bilan Azoté Brut	chp	ktonnes N	59.68	46.52	42.17	42.17	64.67	54.33	39.80	41.62	-4.99	-7.81	2.38	0.55	-8	-14	6	1
Gross Nitrogen Balance per hectare	chp	Kg N/ha	116.11	91.46	83.82	84.75	125.81	106.82	79.10	83.65	-9.70	-15.36	4.73	1.10	-8	-14	6	1
P engrais chimiques (cultures principales)	chp	ktonnes P	5.55	3.40	2.94	2.60	7.17	6.26	3.35	3.29	-1.63	-2.86	-0.41	-0.69	-23	-46	-12	-21
P engrais chimiques (autres terres)	chp	ktonnes P	2.78	2.87	2.90	3.03	2.55	2.79	2.91	3.00	0.23	0.08	-0.01	0.03	9	3	0	1
P engrais chimiques (total)	chp	ktonnes P	8.33	6.27	5.84	5.63	9.72	9.05	6.26	6.29	-1.39	-2.77	-0.42	-0.66	-14	-31	-7	-11
P dépôts atmosphériques	chp	ktonnes P	0.18	0.15	0.14	0.14	0.18	0.15	0.14	0.14	0.00	0.00	0.00	0.00	0	0	0	0
P fumier de bovins laitiers	chp	ktonnes P	5.33	4.69	4.50	4.50	5.31	5.23	4.41	4.38	0.02	-0.54	0.08	0.13	0	-10	2	3
P fumier de bovins à viande	chp	ktonnes P	2.21	2.05	2.11	2.29	2.41	1.96	1.87	2.28	-0.20	0.10	0.24	0.01	-8	5	13	1
P fumier from other livestock	chp	ktonnes P	4.72	4.55	4.89	4.98	4.72	4.55	4.89	4.98	0.00	0.00	0.00	0.00	0	0	0	0

Tableau 4.A1.3. Évaluation environnementale des réformes passées : région de plaine (*suite*)

Variable	Région	Unité	RP 93-98 Actuel	RP 99-03 Actuel	RP 04-07 Actuel	RP 08-12 Actuel	RP 93-98 Sans réforme	RP 99-03 Sans réforme	RP 04-07 Sans réforme	RP 08-12 Sans réforme	RP 93-98 Variation	RP 99-03 Variation	RP 04-07 Variation	RP 08-12 Variation	RP 93-98 % variation	RP 99-03 % variation	RP 04-07 % variation	RP 08-12 % variation
P fumier (total)	chp	ktonnes P	12.25	11.30	11.49	11.78	12.43	11.74	11.18	11.64	-0.18	-0.44	0.32	0.14	-1	-4	3	1
P apports totaux	chp	ktonnes P	20.76	17.72	17.47	17.54	22.33	20.93	17.57	18.06	-1.57	-3.21	-0.10	-0.52	-7	-15	-1	-3
P prélèvements (cultures principales)	chp	ktonnes P	3.46	2.85	3.02	2.90	4.69	5.37	3.59	3.71	-1.23	-2.52	-0.56	-0.81	-26	-47	-16	-22
P prélèvements (autres terres)	chp	ktonnes P	10.23	10.52	10.60	10.85	10.17	10.28	10.51	10.82	0.06	0.24	0.08	0.03	1	2	1	0
P prélèvements (total)	chp	ktonnes P	13.69	13.37	13.62	13.75	14.86	15.65	14.10	14.53	-1.17	-2.28	-0.48	-0.78	-8	-15	-3	-5
Bilan brut du phosphore	chp	ktonnes P	7.07	4.35	3.85	3.79	7.48	5.29	3.47	3.53	-0.40	-0.94	0.38	0.26	-5	-18	11	7
Bilan brut du phosphore par hectare	chp	Kg P/ha	13.76	8.55	7.65	7.62	14.55	10.39	6.89	7.09	-0.79	-1.85	0.76	0.53	-5	-18	11	7
CH_4 fermentation entérique (bovins laitiers)	chp	ktonnes CH_4	39.85	37.32	36.32	37.51	39.62	41.55	35.63	36.49	0.23	-4.23	0.69	1.02	1	-10	2	3
CH_4 gestion (bovins laitiers)	chp	ktonnes CH_4	7.56	7.09	7.06	7.36	7.52	7.90	6.93	7.16	0.04	-0.80	0.13	0.20	1	-10	2	3
CH_4 émissions (bovins laitiers)	chp	ktonnes CH_4	47.41	44.41	43.38	44.87	47.14	49.45	42.56	43.65	0.27	-5.04	0.82	1.22	1	-10	2	3
CH_4 fermentation entérique (bovins viande)	chp	ktonnes CH_4	15.59	14.35	14.61	15.95	16.98	13.66	12.97	15.85	-1.39	0.69	1.64	0.10	-8	5	13	1
CH4 gestion du fumier (bovins viande)	chp	ktonnes CH_4	1.93	1.74	1.84	2.06	2.10	1.66	1.63	2.05	-0.17	0.08	0.21	0.01	-8	5	13	1
CH_4 émissions (bovins à viande)	chp	ktonnes CH_4	17.52	16.09	16.45	18.02	19.08	15.31	14.61	17.90	-1.56	0.78	1.85	0.12	-8	5	13	1
CH_4 émissions (bovins)	chp	ktonnes CH_4	64.93	60.50	59.84	62.89	66.22	64.76	57.16	61.55	-1.29	-4.26	2.67	1.34	-2	-7	5	2
CH_4 d'autres animaux	chp	ktonnes CH_4	9.48	9.54	10.19	10.21	9.48	9.54	10.19	10.21	0.00	0.00	0.00	0.00	0	0	0	0
CH_4 émissions (total)	chp	ktonnes CH_4	74.41	70.03	70.03	73.10	75.70	74.29	67.36	71.76	-1.29	-4.26	2.67	1.34	-2	-6	4	2
N_2O gestion du fumier	chp	ktonnes N_2O	0.62	0.52	0.49	0.51	0.63	0.54	0.47	0.50	-0.01	-0.02	0.02	0.01	-2	-3	4	1
N_2O émissions directes du sol	chp	ktonnes N_2O	2.27	1.97	1.92	1.93	2.50	2.36	1.95	2.02	-0.23	-0.40	-0.03	-0.10	-9	-17	-2	-5
N_2O pâturage, parcours et enclos	chp	ktonnes N_2O	0.25	0.36	0.38	0.39	0.25	0.37	0.37	0.39	0.00	-0.02	0.01	0.01	-2	-5	4	1
N_2O dépôts atmosphériques	chp	ktonnes N_2O	0.16	0.16	0.16	0.16	0.16	0.16	0.16	0.16	0.00	0.00	0.00	0.00	0	0	0	0
N_2O lessivage et ruissellement	chp	ktonnes N_2O	0.94	0.80	0.77	0.78	1.02	0.96	0.78	0.80	-0.08	-0.16	0.00	-0.02	-8	-16	0	-3
N_2O émissions (total)	chp	ktonnes N_2O	4.24	3.81	3.73	3.76	4.56	4.40	3.73	3.87	-0.33	-0.59	0.00	-0.11	-7	-13	0	-3
Potentiel de réchauffement global	chp	ktonnes éqCO_2	2876.45	2651.99	2626.63	2700.49	3004.43	2923.16	2570.50	2706.03	-127.98	-271.17	56.13	-5.54	-4	-9	2	0

Source : Simulation à l'aide du modèle d'évaluation des politiques de l'OCDE.

Tableau 4.A1.4. Évaluation environnementale de la PA 14-17 et des réformes ultérieures : région de plaine

			2012	PA 14-17	Intégration marchés UE	Avec compensation	PA 14-17	Intégration marchés UE	Avec compensation	PA 14-17	Intégration marchés UE	Avec compensation
Variable	Région	Unités	Actuel	Réforme	Réforme	Réforme	Variation	Variation	Variation	% variation	% variation	% variation
Quantité de pesticides (cultures principales)	chp	ktonnes a.i.	0.29	0.29	0.28	0.29	0.00	0.01	0.00	0	-3	-1
N Engrais chimiques (cultures principales)	chp	ktonnes N	15.26	15.33	14.49	14.85	-0.07	0.76	0.41	0	-5	-3
N Engrais chimiques (autres terres)	chp	ktonnes N	18.17	18.21	18.68	18.56	-0.04	-0.52	-0.39	0	3	2
N Engrais chimiques (total)	chp	ktonnes N	33.42	33.54	33.18	33.40	-0.12	0.24	0.02	0	-1	0
N fixation biologique	chp	ktonnes N	16.28	16.12	16.16	16.16	0.16	0.12	0.12	-1	-1	-1
N dépôts atmosphériques	chp	ktonnes N	9.86	9.86	9.80	9.84	0.00	0.06	0.03	0	-1	0
N fumier de bovins laitiers	chp	ktonnes N	30.73	29.80	28.34	28.27	0.93	2.38	2.46	-3	-8	-8
N fumier de bovins à viande	chp	ktonnes N	15.54	13.55	12.84	13.29	1.99	2.70	2.25	-13	-17	-14
N fumier d'autres animaux	chp	ktonnes N	18.77	18.77	18.77	18.77	0.00	0.00	0.00	0	0	0
N fumier (total)	chp	ktonnes N	65.03	62.11	59.95	60.32	2.92	5.08	4.71	-4	-8	-7
N apports totaux	chp	ktonnes N	124.60	121.64	119.09	119.73	2.96	5.51	4.87	-2	-4	-4
N prélèvements (cultures principales)	chp	ktonnes N	14.16	14.28	13.20	13.60	-0.12	0.96	0.56	1	-7	-4
N prélèvements (autres terres)	chp	ktonnes N	68.12	67.80	68.66	68.44	0.32	-0.54	-0.33	0	1	0
N prélèvements (total)	chp	ktonnes N	82.28	82.08	81.85	82.05	0.20	0.42	0.23	0	-1	0
Bilan Azoté Brut	chp	ktonnes N	42.33	39.56	37.24	37.68	2.76	5.09	4.64	-7	-12	-11
Bilan Azoté Brut par hectare	chp	Kg N/ha	85.40	79.83	75.13	76.03	5.57	10.27	9.37	-7	-12	-11
P engrais chimiques (cultures principales)	chp	ktonnes P	2.55	2.56	2.42	2.48	-0.01	0.13	0.07	0	-5	-3
P engrais chimiques (autres terres)	chp	ktonnes P	3.03	3.07	3.22	3.18	-0.04	-0.19	-0.15	1	6	5
P engrais chimiques (total)	chp	ktonnes P	5.58	5.63	5.64	5.66	-0.06	-0.06	-0.08	1	1	1
P dépôts atmosphériques	chp	ktonnes P	0.14	0.14	0.14	0.14	0.00	0.00	0.00	0	-1	0
P fumier de bovins laitiers	chp	ktonnes P	4.50	4.35	4.15	4.14	0.14	0.34	0.36	-3	-8	-8
P fumier de bovins à viande	chp	ktonnes P	2.27	1.98	1.88	1.94	0.29	0.39	0.33	-13	-17	-14
P fumier d'autres animaux	chp	ktonnes P	4.97	4.97	4.97	4.97	0.00	0.00	0.00	0	0	0

Tableau 4.A1.4. **Évaluation environnementale de la PA 14-17 et des réformes ultérieures : région de plaine** (suite)

			2012	PA 14-17	Intégration marchés UE	Avec compensation	PA 14-17	Intégration marchés UE	Avec compensation	PA 14-17	Intégration marchés UE	Avec compensation
Variable	Région	Unités	Actuel	Réforme	Réforme	Réforme	Variation	Variation	Variation	% variation	% variation	% variation
P fumier (total)	chp	ktonnes P	11.74	11.30	11.00	11.05	0.43	0.74	0.68	-4	-6	-6
P apports totaux	chp	ktonnes P	17.45	17.07	16.77	16.85	0.38	0.68	0.60	-2	-4	-3
P prélèvements (cultures principales)	chp	ktonnes P	2.79	2.82	2.64	2.71	-0.02	0.15	0.08	1	-5	-3
P prélèvements (autres terres)	chp	ktonnes P	10.90	10.85	10.99	10.96	0.05	-0.10	-0.06	0	1	1
P prélèvements (total)	chp	ktonnes P	13.69	13.67	13.64	13.67	0.02	0.05	0.02	0	0	0
Bilan brut du phosphore	chp	ktonnes P	3.76	3.41	3.13	3.18	0.35	0.62	0.58	-9	-17	-15
Bilan brut du phosphore par hectare	chp	Kg P/ha	7.58	6.87	6.32	6.41	0.71	1.26	1.17	-9	-17	-15
CH_4 fermentation entérique (bovins laitiers)	chp	ktonnes CH_4	37.43	36.45	34.42	34.32	0.98	3.01	3.11	-3	-8	-8
CH_4 gestion (bovins laitiers)	chp	ktonnes CH_4	7.34	7.15	6.75	6.73	0.19	0.59	0.61	-3	-8	-8
CH_4 émissions (bovins laitiers)	chp	ktonnes CH_4	44.77	43.60	41.17	41.05	1.17	3.60	3.72	-3	-8	-8
CH_4 fermentation entérique (bovins viande)	chp	ktonnes CH_4	15.85	13.82	13.10	13.55	2.03	2.75	2.30	-13	-17	-14
CH4 gestion du fumier (bovins viande)	chp	ktonnes CH_4	2.06	1.79	1.70	1.76	0.26	0.36	0.30	-13	-17	-14
CH_4 émissions (bovins à viande)	chp	ktonnes CH_4	17.91	15.62	14.80	15.32	2.29	3.11	2.59	-13	-17	-14
CH_4 émissions (bovins)	chp	ktonnes CH_4	62.68	59.22	55.97	56.37	3.47	6.71	6.31	-6	-11	-10
CH_4 d'autres animaux	chp	ktonnes CH_4	10.18	10.18	10.18	10.18	0.00	0.00	0.00	0	0	0
CH_4 émissions (total)	chp	ktonnes CH_4	72.87	69.40	66.15	66.55	3.47	6.71	6.31	-5	-9	-9
N_2O gestion du fumier	chp	ktonnes N_2O	0.51	0.49	0.47	0.47	0.02	0.04	0.03	-5	-7	-7
N_2O émissions directes du sol	chp	ktonnes N_2O	1.93	1.89	1.87	1.88	0.03	0.05	0.05	-2	-3	-2
N_2O pâturage, parcours et enclos	chp	ktonnes N_2O	0.39	0.37	0.36	0.36	0.02	0.03	0.03	-4	-8	-7
N_2O dépôts atmosphériques	chp	ktonnes N_2O	0.15	0.15	0.15	0.15	0.00	0.00	0.00	0	-1	0
N_2O lessivage et ruissellement	chp	ktonnes N_2O	0.77	0.75	0.73	0.74	0.02	0.04	0.04	-3	-5	-5
N_2O émissions (total)	chp	ktonnes N_2O	3.75	3.66	3.59	3.61	0.09	0.16	0.15	-2	-4	-4
Potentiel de réchauffement global	chp	ktonnes éqCO_2	2 694.04	2 592.36	2 502.01	2 516.10	101.68	192.03	177.93	-4	-7	-7

Source : Simulation à l'aide du modèle d'évaluation des politiques de l'OCDE.

Tableau 4.A1.5. **Évaluation environnementale des réformes passées : région des collines**

			RP 93-98	RP 99-03	RP 04-07	RP 08-12	RP 93-98	RP 99-03	RP 04-07	RP 08-12	RP 93-98	RP 99-03	RP 04-07	RP 08-12	RP 93-98	RP 99-03	RP 04-07	RP 08-12
Variable	Région	Unité	Actuel	Actuel	Actuel	Actuel	Sans réforme	Sans réforme	Sans réforme	Sans réforme	Variation	Variation	Variation	Variation	% variation	% variation	% variation	% variation
Quantité de pesticides (cultures principales)	chh	ktonnes a.i.	0.09	0.05	0.05	0.04	0.11	0.10	0.05	0.05	-0.02	-0.05	-0.01	-0.01	-20	-45	-13	-20
N Engrais chimiques (cultures principales)	chh	ktonnes N	5.88	3.49	2.74	2.34	7.35	6.44	3.19	2.90	-1.47	-2.95	-0.45	-0.57	-20	-46	-14	-20
N Engrais chimiques (autres terres)	chh	ktonnes N	5.55	6.20	6.39	6.70	5.36	6.20	6.40	6.69	0.19	0.00	-0.01	0.01	4	0	0	0
N Engrais chimiques (total)	chh	ktonnes N	11.43	9.69	9.13	9.03	12.71	12.64	9.59	9.59	-1.27	-2.95	-0.46	-0.56	-10	-23	-5	-6
N fixation biologique	chh	ktonnes N	9.60	9.98	10.11	10.17	9.75	9.93	10.08	10.17	-0.15	0.05	0.03	0.00	-2	0	0	0
N dépôts atmosphériques	chh	ktonnes N	5.13	5.08	5.05	5.00	5.12	5.07	5.05	5.00	0.01	0.00	0.00	0.00	0	0	0	0
N fumier de bovins laitiers	chh	ktonnes N	23.93	23.03	22.54	22.10	24.10	25.90	21.75	21.13	-0.18	-2.88	0.79	0.98	-1	-11	4	5
N fumier de bovins à viande	chh	ktonnes N	10.02	9.89	10.59	11.44	10.62	8.66	9.11	10.66	-0.60	1.23	1.48	0.78	-6	14	16	7
N fumier d'autres animaux	chh	ktonnes N	9.57	8.88	9.08	9.11	9.57	8.88	9.08	9.11	0.00	0.00	0.00	0.00	0	0	0	0
N fumier (total)	chh	ktonnes N	43.52	41.79	42.22	42.66	44.30	43.44	39.95	40.90	-0.78	-1.65	2.27	1.76	-2	-4	6	4
N apports totaux	chh	ktonnes N	69.68	66.53	66.51	66.86	71.87	71.08	64.67	65.67	-2.19	-4.55	1.84	1.20	-3	-6	3	2
N prélèvements (cultures principales)	chh	ktonnes N	3.27	2.61	2.51	2.31	4.21	4.90	3.01	2.89	-0.94	-2.29	-0.50	-0.58	-22	-47	-17	-20
N prélèvements (autres terres)	chh	ktonnes N	39.34	39.64	39.84	39.83	39.57	39.48	39.77	39.82	-0.23	0.16	0.08	0.01	-1	0	0	0
N prélèvements (total)	chh	ktonnes N	42.62	42.25	42.35	42.14	43.78	44.38	42.78	42.71	-1.17	-2.13	-0.43	-0.58	-3	-5	-1	-1
Bilan Azoté Brut	chh	ktonnes N	27.07	24.28	24.16	24.72	28.09	26.70	21.89	22.95	-1.02	-2.42	2.27	1.77	-4	-9	10	8
Gross Nitrogen Balance per hectare	chh	Kg N/ha	96.67	87.55	87.55	90.47	100.30	96.27	79.34	83.99	-3.63	-8.72	8.21	6.48	-4	-9	10	8
P engrais chimiques (cultures principales)	chh	ktonnes P	0.98	0.58	0.46	0.39	1.23	1.07	0.53	0.48	-0.24	-0.49	-0.07	-0.09	-20	-46	-14	-20
P engrais chimiques (autres terres)	chh	ktonnes P	0.65	0.62	0.62	0.63	0.57	0.63	0.62	0.62	0.08	-0.01	-0.01	0.00	13	-1	-1	1
P engrais chimiques (total)	chh	ktonnes P	1.63	1.21	1.07	1.02	1.80	1.71	1.16	1.11	-0.17	-0.50	-0.08	-0.09	-9	-29	-7	-8
P dépôts atmosphériques	chh	ktonnes P	0.10	0.08	0.08	0.08	0.10	0.08	0.08	0.08	0.00	0.00	0.00	0.00	0	0	0	0
P fumier de bovins laitiers	chh	ktonnes P	3.69	3.35	3.26	3.23	3.72	3.73	3.15	3.08	-0.02	-0.38	0.12	0.15	-1	-10	4	5
P fumier de bovins à viande	chh	ktonnes P	1.45	1.46	1.56	1.67	1.54	1.28	1.34	1.56	-0.09	0.18	0.22	0.11	-6	14	16	7
P fumier from other livestock	chh	ktonnes P	2.50	2.46	2.64	2.63	2.50	2.46	2.64	2.63	0.00	0.00	0.00	0.00	0	0	0	0

Tableau 4.A1.5. **Évaluation environnementale des réformes passées : région des collines** (*suite*)

			RP 93-98	RP 99-03	RP 04-07	RP 08-12	RP 93-98	RP 99-03	RP 04-07	RP 08-12	RP 93-98	RP 99-03	RP 04-07	RP 08-12	RP 93-98	RP 99-03	RP 04-07	RP 08-12
Variable	Région	Unité	Actuel	Actuel	Actuel	Actuel	Sans réforme	Sans réforme	Sans réforme	Sans réforme	Variation	Variation	Variation	Variation	% variation	% variation	% variation	% variation
P fumier (total)	chh	ktonnes P	7.64	7.27	7.47	7.54	7.76	7.47	7.13	7.27	-0.11	-0.20	0.33	0.26	-1	-3	5	4
P apports totaux	chh	ktonnes P	9.37	8.56	8.61	8.63	9.65	9.25	8.36	8.46	-0.28	-0.70	0.25	0.17	-3	-8	3	2
P prélèvements (cultures principales)	chh	ktonnes P	0.66	0.52	0.50	0.46	0.86	0.97	0.60	0.58	-0.20	-0.45	-0.10	-0.12	-24	-46	-16	-21
P prélèvements (autres terres)	chh	ktonnes P	6.55	6.69	6.75	6.79	6.59	6.66	6.73	6.79	-0.03	0.03	0.01	0.00	0	0	0	0
P prélèvements (total)	chh	ktonnes P	7.21	7.21	7.25	7.25	7.45	7.63	7.33	7.37	-0.23	-0.42	-0.08	-0.12	-3	-6	-1	-2
Bilan brut du phosphore	chh	ktonnes P	2.16	1.35	1.37	1.38	2.21	1.62	1.03	1.08	-0.05	-0.28	0.34	0.29	-2	-17	33	27
Bilan brut du phosphore par hectare	chh	Kg P/ha	7.73	4.85	4.96	5.04	7.89	5.85	3.74	3.97	-0.16	-1.00	1.22	1.07	-2	-17	33	27
CH_4 fermentation entérique (bovins laitiers)	chh	ktonnes CH_4	27.12	25.82	25.48	26.10	27.31	29.02	24.65	25.06	-0.20	-3.20	0.83	1.04	-1	-11	3	4
CH_4 gestion (bovins laitiers)	chh	ktonnes CH_4	5.15	4.91	4.95	5.12	5.19	5.52	4.79	4.91	-0.04	-0.61	0.16	0.20	-1	-11	3	4
CH_4 émissions (bovins laitiers)	chh	ktonnes CH_4	32.26	30.73	30.43	31.22	32.50	34.54	29.44	29.97	-0.24	-3.81	0.99	1.25	-1	-11	3	4
CH_4 fermentation entérique (bovins viande)	chh	ktonnes CH_4	10.27	10.21	10.82	11.63	10.88	8.94	9.30	10.84	-0.60	1.27	1.51	0.79	-6	14	16	7
CH4 gestion du fumier (bovins viande)	chh	ktonnes CH_4	1.27	1.24	1.36	1.50	1.35	1.08	1.17	1.40	-0.07	0.15	0.19	0.10	-5	14	16	7
CH_4 émissions (bovins à viande)	chh	ktonnes CH_4	11.55	11.45	12.18	13.13	12.22	10.02	10.47	12.24	-0.68	1.43	1.71	0.89	-6	14	16	7
CH_4 émissions (bovins)	chh	ktonnes CH_4	43.81	42.18	42.61	44.35	44.72	44.56	39.92	42.21	-0.91	-2.39	2.69	2.14	-2	-5	7	5
CH_4 d'autres animaux	chh	ktonnes CH_4	4.90	4.93	5.22	5.19	4.90	4.93	5.22	5.19	0.00	0.00	0.00	0.00	0	0	0	0
CH_4 émissions (total)	chh	ktonnes CH_4	48.71	47.11	47.83	49.54	49.62	49.50	45.14	47.40	-0.91	-2.39	2.69	2.14	-2	-5	6	5
N_2O gestion du fumier	chh	ktonnes N_2O	0.40	0.34	0.32	0.33	0.41	0.35	0.31	0.31	-0.01	-0.01	0.02	0.01	-2	-2	6	4
N_2O émissions directes du sol	chh	ktonnes N_2O	1.03	0.97	0.96	0.97	1.08	1.05	0.95	0.96	-0.04	-0.08	0.01	0.00	-4	-8	1	0
N_2O pâturage, parcours et enclos	chh	ktonnes N_2O	0.15	0.23	0.25	0.26	0.16	0.24	0.24	0.25	0.00	-0.01	0.01	0.01	-2	-4	6	4
N_2O dépôts atmosphériques	chh	ktonnes N_2O	0.08	0.08	0.08	0.08	0.08	0.08	0.08	0.08	0.00	0.00	0.00	0.00	0	0	0	0
N_2O lessivage et ruissellement	chh	ktonnes N_2O	0.43	0.40	0.40	0.41	0.45	0.44	0.39	0.40	-0.02	-0.04	0.01	0.01	-4	-8	4	2
N_2O émissions (total)	chh	ktonnes N_2O	2.10	2.03	2.02	2.03	2.17	2.16	1.96	2.00	-0.07	-0.13	0.06	0.04	-3	-6	3	2
Potentiel de réchauffement global	chh	ktonnes éqCO_2	1 673.59	1 617.30	1 630.97	1 670.84	1 714.20	1 708.97	1 556.04	1 614.86	-40.61	-91.66	74.93	55.98	-2	-5	5	3

Source : Simulation à l'aide du modèle d'évaluation des politiques de l'OCDE.

Tableau 4.A1.6. **Évaluation environnementale de la PA 14-17 et des réformes ultérieures : région des collines**

			2012	PA 14-17	Intégration marchés UE	Avec compensation	PA 14-17	Intégration marchés UE	Avec compensation	PA 14-17	Intégration marchés UE	Avec compensation
Variable	Région	Unités	Actuel	Réforme	Réforme	Réforme	Variation	Variation	Variation	% variation	% variation	% variation
Quantité de pesticides (cultures principales)	chh	ktonnes a.i.	0.04	0.04	0.05	0.05	0.00	-0.01	-0.01	0	24	19
N Engrais chimiques (cultures principales)	chh	ktonnes N	2.32	2.33	2.87	2.76	0.00	-0.55	-0.44	0	24	19
N Engrais chimiques (autres terres)	chh	ktonnes N	6.74	6.74	7.02	6.97	0.00	-0.29	-0.23	0	4	3
N Engrais chimiques (total)	chh	ktonnes N	9.06	9.07	9.89	9.73	-0.01	-0.83	-0.67	0	9	7
N fixation biologique	chh	ktonnes N	10.14	10.14	9.61	9.74	0.00	0.53	0.40	0	-5	-4
N dépôts atmosphériques	chh	ktonnes N	4.98	4.98	4.93	4.95	0.00	0.05	0.03	0	-1	-1
N fumier de bovins laitiers	chh	ktonnes N	21.90	19.87	20.96	21.31	2.03	0.93	0.59	-9	-4	-3
N fumier de bovins à viande	chh	ktonnes N	11.32	8.24	10.64	11.15	3.08	0.68	0.17	-27	-6	-1
N fumier d'autres animaux	chh	ktonnes N	9.04	9.04	9.04	9.04	0.00	0.00	0.00	0	0	0
N fumier (total)	chh	ktonnes N	42.26	37.15	40.65	41.50	5.11	1.61	0.76	-12	-4	-2
N apports totaux	chh	ktonnes N	66.44	61.34	65.08	65.92	5.10	1.36	0.51	-8	-2	-1
N prélèvements (cultures principales)	chh	ktonnes N	2.24	2.25	2.76	2.66	-0.01	-0.53	-0.42	0	24	19
N prélèvements (autres terres)	chh	ktonnes N	39.57	39.56	38.32	38.66	0.00	1.25	0.91	0	-3	-2
N prélèvements (total)	chh	ktonnes N	41.80	41.81	41.08	41.32	-0.01	0.72	0.49	0	-2	-1
Bilan Azoté Brut	chh	ktonnes N	24.64	19.53	23.99	24.61	5.11	0.64	0.03	-21	-3	0
Bilan Azoté Brut par hectare	chh	Kg N/ha	90.47	71.71	88.10	90.37	18.76	2.37	0.10	-21	-3	0
P engrais chimiques (cultures principales)	chh	ktonnes P	0.39	0.39	0.48	0.46	0.00	-0.09	-0.07	0	24	19
P engrais chimiques (autres terres)	chh	ktonnes P	0.62	0.62	0.78	0.74	0.00	-0.16	-0.13	0	26	20
P engrais chimiques (total)	chh	ktonnes P	1.01	1.01	1.26	1.20	0.00	-0.25	-0.20	0	25	20
P dépôts atmosphériques	chh	ktonnes P	0.07	0.07	0.07	0.07	0.00	0.00	0.00	0	-1	-1
P fumier de bovins laitiers	chh	ktonnes P	3.23	2.92	3.09	3.14	0.31	0.13	0.09	-10	-4	-3
P fumier de bovins à viande	chh	ktonnes P	1.66	1.20	1.56	1.63	0.45	0.10	0.02	-27	-6	-1
P fumier d'autres animaux	chh	ktonnes P	2.60	2.60	2.60	2.60	0.00	0.00	0.00	0	0	0

Tableau 4.A1.6. **Évaluation environnementale de la PA 14-17 et des réformes ultérieures : région des collines** *(suite)*

			2012	PA 14-17	Intégration marchés UE	Avec compensation	PA 14-17	Intégration marchés UE	Avec compensation	PA 14-17	Intégration marchés UE	Avec compensation
Variable	Région	Unités	Actuel	Réforme	Réforme	Réforme	Variation	Variation	Variation	% variation	% variation	% variation
P fumier (total)	chh	ktonnes P	7.48	6.72	7.25	7.37	0.76	0.23	0.11	-10	-3	-1
P apports totaux	chh	ktonnes P	8.56	7.80	8.58	8.65	0.76	-0.02	-0.09	-9	0	1
P prélèvements (cultures principales)	chh	ktonnes P	0.44	0.44	0.55	0.53	0.00	-0.11	-0.08	0	24	19
P prélèvements (autres terres)	chh	ktonnes P	6.78	6.78	6.58	6.63	0.00	0.21	0.15	0	-3	-2
P prélèvements (total)	chh	ktonnes P	7.23	7.23	7.13	7.16	0.00	0.10	0.07	0	-1	-1
Bilan brut du phosphore	chh	ktonnes P	1.33	0.57	1.45	1.49	0.76	-0.12	-0.15	-57	9	12
Bilan brut du phosphore par hectare	chh	Kg P/ha	4.90	2.11	5.33	5.47	2.79	-0.43	-0.57	-57	9	12
CH_4 fermentation entérique (bovins laitiers)	chh	ktonnes CH_4	26.09	23.98	24.90	25.35	2.11	1.19	0.75	-8	-5	-3
CH_4 gestion (bovins laitiers)	chh	ktonnes CH_4	5.12	4.70	4.88	4.97	0.41	0.23	0.15	-8	-5	-3
CH_4 émissions (bovins laitiers)	chh	ktonnes CH_4	31.21	28.68	29.78	30.32	2.53	1.43	0.89	-8	-5	-3
CH_4 fermentation entérique (bovins viande)	chh	ktonnes CH_4	11.53	8.39	10.84	11.36	3.14	0.69	0.17	-27	-6	-1
CH4 gestion du fumier (bovins viande)	chh	ktonnes CH_4	1.50	1.09	1.41	1.47	0.41	0.09	0.02	-27	-6	-1
CH_4 émissions (bovins à viande)	chh	ktonnes CH_4	13.03	9.48	12.25	12.84	3.55	0.78	0.19	-27	-6	-1
CH_4 émissions (bovins)	chh	ktonnes CH_4	44.24	38.16	42.03	43.16	6.08	2.21	1.08	-14	-5	-2
CH_4 d'autres animaux	chh	ktonnes CH_4	5.16	5.16	5.16	5.16	0.00	0.00	0.00	0	0	0
CH_4 émissions (total)	chh	ktonnes CH_4	49.40	43.32	47.19	48.32	6.08	2.21	1.08	-12	-4	-2
N_2O gestion du fumier	chh	ktonnes N_2O	0.32	0.29	0.31	0.32	0.04	0.01	0.00	-12	-3	-1
N_2O émissions directes du sol	chh	ktonnes N_2O	0.96	0.91	0.95	0.96	0.05	0.01	0.00	-5	-1	0
N_2O pâturage, parcours et enclos	chh	ktonnes N_2O	0.25	0.22	0.24	0.25	0.03	0.01	0.00	-12	-4	-2
N_2O dépôts atmosphériques	chh	ktonnes N_2O	0.08	0.08	0.08	0.08	0.00	0.00	0.00	0	-1	-1
N_2O lessivage et ruissellement	chh	ktonnes N_2O	0.40	0.36	0.40	0.40	0.04	0.01	0.00	-10	-2	0
N_2O émissions (total)	chh	ktonnes N_2O	2.02	1.86	1.99	2.01	0.16	0.04	0.01	-8	-2	-1
Potentiel de réchauffement global	chh	ktonnes éqCO_2	1664.79	1487.08	1606.39	1638.06	177.71	58.40	26.74	-11	-4	-2

Source : Simulation à l'aide du modèle d'évaluation des politiques de l'OCDE.

Tableau 4.A1.7. Évaluation environnementale des réformes passées : région de montagne

			RP 93-98	RP 99-03	RP 04-07	RP 08-12	RP 93-98	RP 99-03	RP 04-07	RP 08-12	RP 93-98	RP 99-03	RP 04-07	RP 08-12	RP 93-98	RP 99-03	RP 04-07	RP 08-12
Variable	Région	Unité	Actuel	Actuel	Actuel	Actuel	Sans réforme	Sans réforme	Sans réforme	Sans réforme	Variation	Variation	Variation	Variation	% variation	% variation	% variation	% variation
Quantité de pesticides (cultures principales)	chm	ktonnes a.i.	0.01	0.00	0.00	0.00	0.01	0.01	0.00	0.01	0.00	0.00	0.00	0.00	-23	-42	6	-28
N Engrais chimiques (cultures principales)	chm	ktonnes N	0.50	0.30	0.24	0.19	0.65	0.52	0.23	0.27	-0.15	-0.22	0.00	-0.08	-23	-43	2	-29
N Engrais chimiques (autres terres)	chm	ktonnes N	1.05	1.30	1.30	1.32	1.02	1.31	1.31	1.32	0.03	-0.01	0.00	0.00	3	0	0	0
N Engrais chimiques (total)	chm	ktonnes N	1.55	1.60	1.54	1.51	1.67	1.83	1.54	1.59	-0.12	-0.23	0.00	-0.08	-7	-13	0	-5
N fixation biologique	chm	ktonnes N	6.06	6.27	6.26	6.15	6.08	6.27	6.26	6.15	-0.02	0.01	0.00	0.00	0	0	0	0
N dépôts atmosphériques	chm	ktonnes N	5.15	5.25	5.25	5.21	5.14	5.25	5.25	5.21	0.00	0.00	0.00	0.00	0	0	0	0
N fumier de bovins laitiers	chm	ktonnes N	16.35	15.61	15.42	15.78	16.44	17.29	14.83	13.86	-0.10	-1.69	0.59	1.92	-1	-10	4	14
N fumier de bovins à viande	chm	ktonnes N	9.43	9.65	10.32	10.95	9.68	8.48	9.44	9.02	-0.25	1.16	0.88	1.93	-3	14	9	21
N fumier d'autres animaux	chm	ktonnes N	5.13	5.85	5.74	5.59	5.13	5.85	5.74	5.59	0.00	0.00	0.00	0.00	0	0	0	0
N fumier (total)	chm	ktonnes N	30.91	31.10	31.49	32.33	31.25	31.62	30.01	28.47	-0.34	-0.52	1.48	3.85	-1	-2	5	14
N apports totaux	chm	ktonnes N	43.66	44.23	44.54	45.20	44.15	44.97	43.06	41.42	-0.48	-0.75	1.48	3.78	-1	-2	3	9
N prélèvements (cultures principales)	chm	ktonnes N	0.30	0.22	0.18	0.15	0.40	0.39	0.19	0.22	-0.10	-0.17	-0.01	-0.06	-24	-43	-7	-29
N prélèvements (autres terres)	chm	ktonnes N	25.21	25.77	25.74	25.32	25.29	25.75	25.74	25.31	-0.08	0.02	0.01	0.01	0	0	0	0
N prélèvements (total)	chm	ktonnes N	25.51	25.99	25.92	25.47	25.69	26.14	25.93	25.53	-0.18	-0.15	-0.01	-0.06	-1	-1	0	0
Bilan Azoté Brut	chm	ktonnes N	18.15	18.24	18.62	19.72	18.46	18.83	17.13	15.89	-0.31	-0.59	1.49	3.83	-2	-3	9	24
Gross Nitrogen Balance per hectare	chm	Kg N/ha	63.55	62.53	63.80	68.14	64.61	64.55	58.70	54.90	-1.05	-2.02	5.10	13.24	-2	-3	9	24
P engrais chimiques (cultures principales)	chm	ktonnes P	0.08	0.05	0.04	0.03	0.11	0.09	0.04	0.04	-0.02	-0.04	0.00	-0.01	-23	-43	2	-29
P engrais chimiques (autres terres)	chm	ktonnes P	0.11	0.10	0.09	0.10	0.11	0.10	0.09	0.10	0.01	0.00	0.00	0.00	8	-2	-1	-1
P engrais chimiques (total)	chm	ktonnes P	0.20	0.15	0.13	0.13	0.21	0.19	0.13	0.14	-0.02	-0.04	0.00	-0.01	-7	-20	0	-10
P dépôts atmosphériques	chm	ktonnes P	0.10	0.09	0.08	0.08	0.10	0.09	0.08	0.08	0.00	0.00	0.00	0.00	0	0	0	0
P fumier de bovins laitiers	chm	ktonnes P	2.92	2.64	2.58	2.50	2.93	2.88	2.49	2.17	-0.01	-0.24	0.09	0.34	0	-8	4	16
P fumier de bovins à viande	chm	ktonnes P	1.37	1.42	1.52	1.60	1.41	1.25	1.39	1.32	-0.04	0.17	0.13	0.28	-3	14	9	21
P fumier from other livestock	chm	ktonnes P	2.11	2.27	2.25	2.16	2.11	2.27	2.25	2.16	0.00	0.00	0.00	0.00	0	0	0	0

Tableau 4.A1.7. Évaluation environnementale des réformes passées : région de montagne (*suite*)

			RP 93-98	RP 99-03	RP 04-07	RP 08-12	RP 93-98	RP 99-03	RP 04-07	RP 08-12	RP 93-98	RP 99-03	RP 04-07	RP 08-12	RP 93-98	RP 99-03	RP 04-07	RP 08-12
Variable	Région	Unité	Actuel	Actuel	Actuel	Actuel	Sans réforme	Sans réforme	Sans réforme	Sans réforme	Variation	Variation	Variation	Variation	% variation	% variation	% variation	% variation
P fumier (total)	chm	ktonnes P	6.40	6.34	6.35	6.27	6.45	6.41	6.13	5.65	-0.05	-0.07	0.22	0.62	-1	-1	4	11
P apports totaux	chm	ktonnes P	6.70	6.57	6.57	6.48	6.76	6.68	6.34	5.87	-0.07	-0.11	0.22	0.61	-1	-2	4	10
P prélèvements (cultures principales)	chm	ktonnes P	0.07	0.05	0.04	0.03	0.09	0.08	0.04	0.05	-0.02	-0.04	0.00	-0.01	-25	-43	-7	-30
P prélèvements (autres terres)	chm	ktonnes P	4.49	4.63	4.64	4.61	4.50	4.63	4.64	4.61	-0.01	0.00	0.00	0.00	0	0	0	0
P prélèvements (total)	chm	ktonnes P	4.56	4.68	4.68	4.65	4.59	4.71	4.68	4.66	-0.04	-0.03	0.00	-0.01	-1	-1	0	0
Bilan brut du phosphore	chm	ktonnes P	2.14	1.90	1.89	1.83	2.17	1.97	1.66	1.21	-0.03	-0.07	0.23	0.62	-1	-4	14	51
Bilan brut du phosphore par hectare	chm	Kg P/ha	7.50	6.51	6.46	6.33	7.60	6.76	5.68	4.19	-0.10	-0.25	0.77	2.14	-1	-4	14	51
CH_4 fermentation entérique (bovins laitiers)	chm	ktonnes CH_4	18.86	17.80	17.49	17.75	18.97	19.69	16.82	15.56	-0.11	-1.89	0.67	2.19	-1	-10	4	14
CH_4 gestion (bovins laitiers)	chm	ktonnes CH_4	3.58	3.38	3.40	3.48	3.60	3.74	3.27	3.05	-0.02	-0.36	0.13	0.43	-1	-10	4	14
CH_4 émissions (bovins laitiers)	chm	ktonnes CH_4	22.44	21.19	20.89	21.23	22.57	23.43	20.09	18.62	-0.13	-2.24	0.80	2.61	-1	-10	4	14
CH_4 fermentation entérique (bovins viande)	chm	ktonnes CH_4	9.67	10.07	10.57	11.19	9.92	8.85	9.66	9.22	-0.25	1.22	0.90	1.98	-2	14	9	21
CH4 gestion du fumier (bovins viande)	chm	ktonnes CH_4	1.20	1.22	1.33	1.45	1.23	1.08	1.22	1.20	-0.03	0.15	0.11	0.26	-2	14	9	21
CH_4 émissions (bovins à viande)	chm	ktonnes CH_4	10.87	11.29	11.90	12.65	11.14	9.93	10.88	10.41	-0.28	1.36	1.02	2.23	-2	14	9	21
CH_4 émissions (bovins)	chm	ktonnes CH_4	33.30	32.48	32.79	33.88	33.71	33.36	30.97	29.03	-0.40	-0.88	1.82	4.85	-1	-3	6	17
CH_4 d'autres animaux	chm	ktonnes CH_4	3.93	4.05	4.01	3.90	3.93	4.05	4.01	3.90	0.00	0.00	0.00	0.00	0	0	0	0
CH_4 émissions (total)	chm	ktonnes CH_4	37.23	36.53	36.81	37.78	37.64	37.41	34.99	32.93	-0.40	-0.88	1.82	4.85	-1	-2	5	15
N_2O gestion du fumier	chm	ktonnes N_2O	0.32	0.30	0.28	0.28	0.32	0.30	0.27	0.25	0.00	0.00	0.01	0.03	-1	0	4	11
N_2O émissions directes du sol	chm	ktonnes N_2O	0.64	0.64	0.64	0.64	0.65	0.65	0.62	0.60	-0.01	-0.01	0.02	0.04	-1	-2	2	6
N_2O pâturage, parcours et enclos	chm	ktonnes N_2O	0.11	0.17	0.19	0.19	0.11	0.17	0.18	0.17	0.00	0.00	0.01	0.02	-1	-2	5	14
N_2O dépôts atmosphériques	chm	ktonnes N_2O	0.08	0.08	0.08	0.08	0.08	0.08	0.08	0.08	0.00	0.00	0.00	0.00	0	0	0	0
N_2O lessivage et ruissellement	chm	ktonnes N_2O	0.26	0.26	0.26	0.27	0.26	0.26	0.25	0.24	0.00	-0.01	0.01	0.03	-1	-2	5	13
N_2O émissions (total)	chm	ktonnes N_2O	1.41	1.44	1.44	1.46	1.42	1.46	1.40	1.34	-0.02	-0.02	0.05	0.12	-1	-1	3	9
Potentiel de réchauffement global	chm	ktonnes éqCO_2	1218.18	1214.35	1220.10	1245.81	1231.73	1238.64	1167.26	1107.40	-13.55	-24.29	52.84	138.39	-1	-2	5	12

Source : Simulation à l'aide du modèle d'évaluation des politiques de l'OCDE.

Tableau 4.A1.8. **Évaluation environnementale de la PA 14-17 et des réformes ultérieures : région de montagne**

			2012	PA 14-17	Intégration marchés UE	Avec compensation	PA 14-17	Intégration marchés UE	Avec compensation	PA 14-17	Intégration marchés UE	Avec compensation
Variable	Région	Unités	Actuel	Réforme	Réforme	Réforme	Variation	Variation	Variation	% variation	% variation	% variation
Quantité de pesticides (cultures principales)	chm	ktonnes a.i.	0.00	0.00	0.00	0.00	0.00	0.00	0.00	9	28	4
N Engrais chimiques (cultures principales)	chm	ktonnes N	0.18	0.20	0.23	0.19	-0.02	-0.05	-0.01	9	28	4
N Engrais chimiques (autres terres)	chm	ktonnes N	1.33	1.36	1.41	1.34	-0.03	-0.08	-0.01	3	6	1
N Engrais chimiques (total)	chm	ktonnes N	1.51	1.56	1.64	1.53	-0.05	-0.13	-0.02	3	9	1
N fixation biologique	chm	ktonnes N	6.12	6.09	6.04	6.11	0.03	0.07	0.01	-1	-1	0
N dépôts atmosphériques	chm	ktonnes N	5.22	5.21	5.19	5.21	0.01	0.03	0.00	0	-1	0
N fumier de bovins laitiers	chm	ktonnes N	15.82	14.88	14.58	14.47	0.93	1.23	1.35	-6	-8	-9
N fumier de bovins à viande	chm	ktonnes N	10.83	9.06	10.53	11.13	1.77	0.31	-0.30	-16	-3	3
N fumier d'autres animaux	chm	ktonnes N	5.45	5.45	5.45	5.45	0.00	0.00	0.00	0	0	0
N fumier (total)	chm	ktonnes N	32.10	29.39	30.56	31.05	2.71	1.54	1.05	-8	-5	-3
N apports totaux	chm	ktonnes N	44.94	42.24	43.43	43.90	2.70	1.51	1.04	-6	-3	-2
N prélèvements (cultures principales)	chm	ktonnes N	0.15	0.16	0.19	0.15	-0.01	-0.04	-0.01	9	28	4
N prélèvements (autres terres)	chm	ktonnes N	25.17	25.08	24.97	25.14	0.09	0.19	0.02	0	-1	0
N prélèvements (total)	chm	ktonnes N	25.31	25.24	25.16	25.30	0.08	0.15	0.02	0	-1	0
Bilan Azoté Brut	chm	ktonnes N	19.63	17.01	18.27	18.60	2.62	1.36	1.02	-13	-7	-5
Bilan Azoté Brut par hectare	chm	Kg N/ha	67.74	58.69	63.05	64.21	9.04	4.68	3.52	-13	-7	-5
P engrais chimiques (cultures principales)	chm	ktonnes P	0.03	0.03	0.04	0.03	0.00	-0.01	0.00	9	28	4
P engrais chimiques (autres terres)	chm	ktonnes P	0.10	0.11	0.12	0.10	-0.01	-0.02	0.00	9	21	3
P engrais chimiques (total)	chm	ktonnes P	0.13	0.14	0.16	0.13	-0.01	-0.03	0.00	9	23	3
P dépôts atmosphériques	chm	ktonnes P	0.08	0.08	0.08	0.08	0.00	0.00	0.00	0	-1	0
P fumier de bovins laitiers	chm	ktonnes P	2.49	2.26	2.33	2.32	0.23	0.16	0.17	-9	-6	-7
P fumier de bovins à viande	chm	ktonnes P	1.58	1.33	1.54	1.63	0.26	0.04	-0.04	-16	-3	3
P fumier d'autres animaux	chm	ktonnes P	2.08	2.08	2.08	2.08	0.00	0.00	0.00	0	0	0

Tableau 4.A1.8. Évaluation environnementale de la PA 14-17 et des réformes ultérieures : région de montagne (*suite*)

			2012	PA 14-17	Intégration marchés UE	Avec compensation	PA 14-17	Intégration marchés UE	Avec compensation	PA 14-17	Intégration marchés UE	Avec compensation
Variable	Région	Unités	Actuel	Réforme	Réforme	Réforme	Variation	Variation	Variation	% variation	% variation	% variation
P fumier (total)	chm	ktonnes P	6.16	5.67	5.95	6.03	0.49	0.20	0.13	-8	-3	-2
P apports totaux	chm	ktonnes P	6.37	5.89	6.19	6.24	0.48	0.17	0.12	-7	-3	-2
P prélèvements (cultures principales)	chm	ktonnes P	0.03	0.03	0.04	0.03	0.00	-0.01	0.00	9	28	4
P prélèvements (autres terres)	chm	ktonnes P	4.62	4.60	4.58	4.61	0.02	0.04	0.00	0	-1	0
P prélèvements (total)	chm	ktonnes P	4.65	4.64	4.62	4.65	0.01	0.03	0.00	0	-1	0
Bilan brut du phosphore	chm	ktonnes P	1.72	1.25	1.57	1.59	0.46	0.14	0.12	-27	-8	-7
Bilan brut du phosphore par hectare	chm	Kg P/ha	5.92	4.33	5.42	5.50	1.59	0.50	0.42	-27	-8	-7
CH_4 fermentation entérique (bovins laitiers)	chm	ktonnes CH_4	17.75	16.64	16.40	16.27	1.11	1.36	1.48	-6	-8	-8
CH_4 gestion (bovins laitiers)	chm	ktonnes CH_4	3.48	3.26	3.21	3.19	0.22	0.27	0.29	-6	-8	-8
CH_4 émissions (bovins laitiers)	chm	ktonnes CH_4	21.23	19.91	19.61	19.46	1.33	1.63	1.77	-6	-8	-8
CH_4 fermentation entérique (bovins viande)	chm	ktonnes CH_4	11.15	9.32	10.83	11.46	1.82	0.32	-0.31	-16	-3	3
CH4 gestion du fumier (bovins viande)	chm	ktonnes CH_4	1.45	1.22	1.41	1.49	0.24	0.04	-0.04	-16	-3	3
CH_4 missions (bovins à viande)	chm	ktonnes CH_4	12.60	10.54	12.24	12.95	2.06	0.36	-0.35	-16	-3	3
CH_4 émissions (bovins)	chm	ktonnes CH_4	33.83	30.44	31.85	32.41	3.39	1.98	1.42	-10	-6	-4
CH_4 d'autres animaux	chm	ktonnes CH_4	3.83	3.83	3.83	3.83	0.00	0.00	0.00	0	0	0
CH_4 émissions (total)	chm	ktonnes CH_4	37.66	34.27	35.68	36.24	3.39	1.98	1.42	-9	-5	-4
N_2O gestion du fumier	chm	ktonnes N_2O	0.27	0.25	0.26	0.27	0.02	0.01	0.00	-8	-3	-2
N_2O émissions directes du sol	chm	ktonnes N_2O	0.64	0.18	0.18	0.19	0.46	0.45	0.45	-72	-71	-71
N_2O pâturage, parcours et enclos	chm	ktonnes N_2O	0.19	0.18	0.18	0.19	0.02	0.01	0.01	-8	-5	-3
N_2O dépôts atmosphériques	chm	ktonnes N_2O	0.08	0.08	0.08	0.08	0.00	0.00	0.00	0	-1	0
N_2O lessivage et ruissellement	chm	ktonnes N_2O	0.26	0.24	0.25	0.26	0.02	0.01	0.01	-8	-4	-3
N_2O émissions (total)	chm	ktonnes N_2O	1.45	0.93	0.97	0.98	0.52	0.48	0.47	-36	-33	-32
Potentiel de réchauffement global	chm	ktonnes éqCO_2	1 240.71	1 142.72	1 184.64	1 201.64	98.00	56.07	39.07	-8	-5	-3

Source : Simulation à l'aide du modèle d'évaluation des politiques de l'OCDE.

Examen des politiques agricoles de l'OCDE : Suisse 2015

Chapitre 5

Compétitivité des industries alimentaires suisses*

Ce chapitre est consacré à l'évaluation des points forts et des points faibles du secteur agroalimentaire suisse, et de sa compétitivité sur le marché intérieur et le marché de l'UE. La compétitivité est évaluée à l'aide de plusieurs indicateurs sectoriels, tels que le chiffre d'affaires global et la productivité de la main-d'œuvre, et d'indicateurs commerciaux mondiaux. Quelques États membres de l'UE ont servi de points de comparaison pour jauger la compétitivité du secteur agroalimentaire suisse dans son ensemble et de certaines branches.

* Ce chapitre présente une partie des données réunies dans le cadre de la préparation de ce rapport par l'institut WUR-LEI.

Objectifs et méthodologie

Ce chapitre présente une évaluation *ex post* de la performance des industries alimentaires suisses en matière de compétitivité. Il compare la Suisse à ses principaux concurrents dans l'UE et fournit des informations sur la structure du secteur alimentaire suisse et sur son approvisionnement en matières premières[1].

Bien que la théorie économique ne propose pas de définition précise de la compétitivité, cette dernière peut être interprétée comme l'aptitude à faire face à la concurrence. Ainsi, une entreprise serait compétitive si elle est capable de vendre des produits répondant aux exigences de la demande (en termes de prix, de qualité et de quantité), tout en dégageant des bénéfices lui permettant de se développer. La compétitivité est donc un concept relatif et devrait être mesurée par rapport à une référence. La concurrence peut s'exercer sur les marchés intérieurs (auquel cas on compare les entreprises d'un même secteur ou des secteurs entiers d'un même pays) ou à l'international (auquel cas on compare les pays entre eux).

Afin d'évaluer la compétitivité, nous avons choisi de mesurer la performance révélée, à partir d'indicateurs comme le comportement du marché, la réussite commerciale ou encore l'avantage comparatif révélé (Wijnands et al. 2007 ; Latruffe 2010). L'analyse de la compétitivité porte sur la performance *ex post* d'une industrie suisse comparée à la même industrie dans les pays de référence. Les indicateurs choisis pour mesurer la compétitivité sont les suivants[2] :

Indicateurs relatifs aux échanges :

- Croissance (différence entre deux périodes) de la part des exportations d'une industrie précise des industries alimentaires ou des industries alimentaires dans leur ensemble sur le marché mondial. La part de marché d'un pays est comparée aux exportations mondiales totales de l'industrie en question ou de l'ensemble des industries alimentaires. Cet indicateur de performance reflète le résultat de la concurrence sur les marchés internationaux.
- Différence de l'indice de l'avantage commercial relatif (RTA) entre deux périodes. Le RTA est défini par Scott et Vollrath (1992) comme la différence entre l'avantage relatif à l'exportation (RXA) et l'avantage relatif à l'importation (RMA). Un RTA positif est le signe d'un avantage concurrentiel : les exportations sont supérieures aux importations. Une valeur négative indique un désavantage concurrentiel[3].

Indicateurs de performance économique :

- Croissance annuelle du chiffre d'affaires réel d'une industrie en particulier par rapport celui des industries alimentaires dans leur ensemble. Cet indicateur traduit la concurrence entre différentes industries au sein d'un même pays pour les facteurs de production. Dans l'idéal, nous aurions utilisé la croissance de la valeur ajoutée d'une industrie par rapport à celle des industries alimentaires dans leur ensemble pour construire cet indicateur, mais les données sur la valeur ajoutée n'étaient pas disponibles.

- Croissance annuelle du chiffre d'affaires réel par salarié. Elle constitue un indicateur de la productivité du travail. Cette croissance a un impact sur les coûts unitaires de main-d'œuvre et donc sur les prix relatifs.
- Croissance annuelle du chiffre d'affaires. Cet indicateur reflète la performance de l'industrie en question ou des industries alimentaires.

La compétitivité étant un concept relatif, la performance des industries alimentaires suisses est comparée à celle des industries alimentaires de pays de référence. L'UE étant de loin le principal marché des industries alimentaires suisses, les résultats de cette industrie suisse sont comparés à ceux de certains pays de l'UE. Les pays de l'UE qui représentent au moins 5 % des importations ou des exportations de produits agro-alimentaires suisses constituent les *pays de référence*, à savoir l'Allemagne, l'Autriche, l'Espagne, la France, l'Italie, les Pays-Bas et le Royaume-Uni. Ces pays représentent 86 % de la valeur des exportations suisses vers l'UE et 89 % des importations depuis l'UE. Toutes les données utilisées pour l'évaluation de la compétitivité proviennent de sources accessibles au public[4, 5].

Compétitivité des industries alimentaires et de boissons

Observations générales

La comparaison entre la Suisse et ses principaux concurrents dans l'UE montre que la compétitivité des industries alimentaires et de boissons suisses repose presque exclusivement sur les industries qui achètent leurs matières premières à l'étranger ou dont les intrants ne proviennent pas du secteur agricole (eau minérale). En particulier, l'industrie de fabrication d'autres produits alimentaires, dominée par le cacao et la fabrication de chocolat, affiche de très bons résultats. Le chiffre d'affaires de ce groupe a enregistré une croissance annuelle de 10 % sur la période 2001-11, soit une croissance deux fois plus rapide que celle des industries alimentaires et de boissons dans leur ensemble (5.8 %). Les deux industries les plus dynamiques, la fabrication d'autres produits alimentaires et la fabrication de boissons, représentent 72 % des exportations de l'industrie alimentaire suisse.

Par ailleurs, les industries qui enregistrent les moins bons résultats sont celles de la viande et des produits laitiers, dont les matières premières proviennent essentiellement de l'agriculture primaire locale. Toutefois, certains producteurs laitiers se sont positionnés avec succès dans des niches de marché à haute valeur ajoutée. Ces industries ainsi que la fabrication d'aliments pour animaux, peu performante, doivent acheter leurs matières premières à des prix relativement élevés, bien supérieurs aux niveaux de prix pratiqués dans l'UE. En outre, ces industries, moins compétitives, affichent une faible productivité du travail et une forte densité de main-d'œuvre.

Étant donné l'importance particulière du secteur du chocolat (dans l'industrie de fabrication d'autres produits alimentaires) et dans une moindre mesure du l'industrie des boissons rafraîchissantes et des eaux embouteillées, on peut considérer que la compétitivité des industries alimentaires suisses repose sur le chocolat et sur l'eau et non sur des matières premières agricoles produites localement.

Compétitivité globale des industries alimentaires et de boissons

Si l'on considère l'ensemble des industries alimentaires et de boissons et tous les indicateurs de performance, il apparaît que la compétitivité globale (O) des industries alimentaires suisses dépasse celle de tous les pays étudiés (graphique 5.1). La compétitivité

Graphique 5.1. **Compétitivité des industries alimentaires et de boissons**

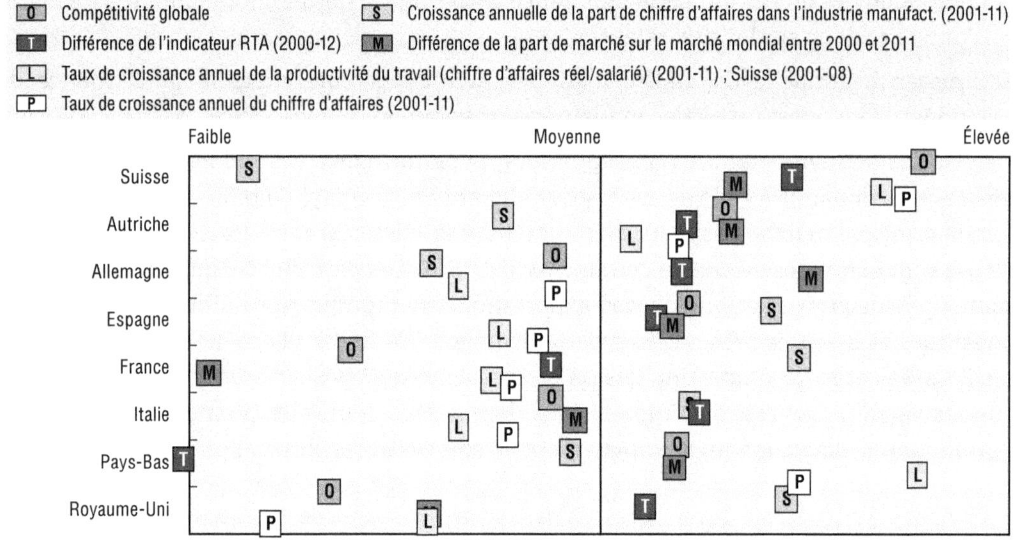

O Compétitivité globale
S Croissance annuelle de la part de chiffre d'affaires dans l'industrie manufact. (2001-11)
T Différence de l'indicateur RTA (2000-12)
M Différence de la part de marché sur le marché mondial entre 2000 et 2011
L Taux de croissance annuel de la productivité du travail (chiffre d'affaires réel/salarié) (2001-11) ; Suisse (2001-08)
P Taux de croissance annuel du chiffre d'affaires (2001-11)

Faible | Moyenne | Élevée

Suisse, Autriche, Allemagne, Espagne, France, Italie, Pays-Bas, Royaume-Uni

Source : Calculs réalisés par LEI à partir de données d'Eurostat et de l'OFS.

globale est essentiellement tirée par la performance de l'industrie de fabrication d'autres produits alimentaires, qui représente deux tiers du chiffre d'affaires et la moitié des exportations. Il s'agit donc du secteur de fabrication le plus important (voir tableau 5.1). Elle est potentiellement « mobile » et n'est que peu liée à l'agriculture primaire locale. Quant à la sous-industrie de fabrication de chocolat, elle a connu une croissance rapide et représente environ 50 % du chiffre d'affaires de l'industrie de fabrication d'autres produits alimentaires en 2011.

Tableau 5.1. **Chiffres-clés des industries alimentaires et de boissons suisses**[1]

NACE	Industrie manufacturière	Entreprises 2011		Chiffre d'affaires 2011		Salariés 2008		Exportations 2012		Importations 2012	
		Nombre	%	Milliards EUR	%	1 000	%	Millions USD		Millions USD	
C10&11	Industries alimentaires et de boissons	2 410	100	41.6	100	73.1	100	7 889	100	8 237	100
C101	Viande	257	10.7	4.1	9.9	11.9	16.3	113	1	943	11
C103	Fruits et légumes	67	2.8	0.7	1.7	2.2	3.0	224	3	714	9
C104	Huiles et graisses	21	0.9	0.4	1.0	0.4	0.5	83	1	385	5
C105	Produits laitiers	768	31.9	4.9	11.8	8.2	11.2	761	10	516	6
C106	Grains et produits amylacés	89	3.7	0.6	1.4	1.3	1.8	11	0	93	1
C107	Boulangerie	219	9.1	2.1	5.0	14.6	20.0	728	9	743	9
C108	Autres produits alimentaires	471	19.5	24.4	58.7	15.1	20.7	3 896	49	1 760	21
C109	Aliments pour animaux	142	5.9	1.3	3.1	1.9	2.6	214	3	575	7
C110	Fabrication de boissons	367	15.2	3.2	7.7	7.1	9.7	1,851	23	1 901	23

1. Le nombre d'industries présentées est différent du nombre d'industries formant les « industries alimentaires », du fait de l'absence de l'industrie C102 « Transformation et conservation de poisson, de crustacés et de mollusques ». Cette dernière réalise des importations substantielles : 7 % des importations totales des industries alimentaires et de boissons.

Source : Calculs réalisés par LEI à partir de données de l'OFS et du Comtrade.

L'industrie laitière est celle qui compte le plus d'entreprises. Elle se place en deuxième position en termes de chiffre d'affaires, après l'industrie de fabrication d'autres produits alimentaires. La production de boissons représente un quart des exportations et des importations des industries alimentaires et de boissons. La fabrication d'autres produits alimentaires, de produits laitiers, de viande et de boissons représente le plus gros chiffre d'affaires et le plus important volume d'échanges.

Les résultats du secteur alimentaire dépendent peu de l'agriculture primaire. La majorité des produits de l'agriculture primaire coûtent plus cher en Suisse que dans les pays de l'UE étudiés, bien que certains prix convergent vers les niveaux de prix de l'UE (tableau 5.2). Les prix de la viande porcine et bovine divergent toutefois par rapport aux prix pratiqués dans l'UE. L'auto-suffisance est inférieure à 100 % pour la plupart des produits transformés et la Suisse est un pays importateur net. Elle n'est un grand pays exportateur que pour la catégorie « autres produits alimentaires » et elle est un petit exportateur de produits laitiers.

Tableau 5.2. **Suisse : offre de matières premières et autosuffisance**

Produit	Production de matières premières	Prix des matières premières	Auto-suffisance
Viande	Production de viande bovine et porcine en baisse Production de volaille en hausse	Tous supérieurs aux pays de référence Prix de la viande porcine convergents Prix des viandes bovine et porcine divergents	< 100 % pour cette catégorie Importateur net de produits à base de viande
Fruits et légumes	Peu d'information disponible, production relativement limitée	Prix des pommes supérieurs aux niveaux de prix dans l'UE, inférieurs aux prix au R-U, prix divergents	Importateur net de produits transformés
	Production de pommes et de pommes de terre en baisse	Prix des pommes de terre supérieurs aux prix dans l'UE, prix convergents	Importateur net de pommes de terre Tomates : autosuffisance de 20 %
Huiles et graisses	Faible production de graines oléagineuses Production de colza en légère augmentation	Prix supérieurs aux prix dans l'UE, convergents	Importateur net d'huiles et de graisses
Produits laitiers	Production de lait en légère augmentation	Prix supérieurs aux prix dans l'UE, prix convergents	Exportateur net de produits laitiers
Travail des grains et produits amylacés	La production la plus élevée est celle de blé Production de blé en légère baisse	Prix supérieurs aux prix dans l'UE, prix convergents Pic en 2008 modéré en Suisse	Importateur net de produits à base de grains et de produits amylacés
Boulangerie	Voir travail des grains		Très petit importateur net
Autres produits alimentaires	Principalement mobile fondé sur l'importation notamment de cacao		Gros exportateur net Importateur net de sucre
Aliments pour animaux	Aucune information		Importateur net, en particulier de tourteaux
Fabrication de boissons	Pas d'information précise sauf mention contraire	Prix du raisin bien supérieurs aux prix dans l'UE	Petit importateur net de boissons Auto-suffisance en raisins pour la production de vin

Source : Évaluation faite par LEI sur la base des information d'Eurostat, de l'OFS Suisse et de données Comtrade.

Les industries alimentaires suisses figurent parmi les plus petites des pays étudiés par leur chiffre d'affaires et par le nombre d'entreprises. La Suisse enregistre toutefois pour ces industries le double du chiffre d'affaires autrichien pour une population comparable. Les entreprises suisses du secteur agroalimentaire affichent de meilleurs résultats que leurs concurrentes dans l'UE en matière de croissance du chiffre d'affaires et de chiffre d'affaires par entreprise (tableau 5.3).

La distribution de la taille des entreprises est asymétrique dans tous les pays et la Suisse ne fait pas exception à la règle : 3 % des plus grandes entreprises représentent 60 %

Tableau 5.3. **Structure des industries alimentaires et de boissons en 2011**

	Chiffre d'affaires		Entreprises		Chiffre d'affaires moyen par entreprise		Salariés	
	Milliards (€)	Croissance[1] (%)	Nombre	Croissance[1] (en %)	Million (€)	Croissance[1] (%)	1 000	Croissance[1] (%)
Suisse[2]	41.6	5.8	2 410	-1.0	17.3	6.8	73.1	0.0
Autriche	19.3	4.6	3 837	-1.0	5	5.7	77.5	-0.1
Allemagne	180.4	2.4	32 204	-1.0	5.6	3.4	887.5	0.8
Espagne	101.5	3.6	27 722	-1.3	3.7	5.0	365.9	-0.1
France	168.9	1.9	59 405	-1.2	2.8	3.1	604.4	-0.4
Italie	124.3	2.5	58 074	-1.6	2.1	4.2	433.5	0.0
Pays-Bas	62.9	3.7	4 477	-1.2	14.1	5.0	125.3	-2.5
Royaume-Uni	105.8	0.0	7 492	-0.3	14.1	0.2	376.3	-3.0

1. Taux de croissance annuel entre 2001 et 2011.
2. Données sur la population active suisse pour 2008 et taux de croissance pour la période 2001-08.
Source : Calculs réalisés par LEI à partir de données d'Eurostat pour les pays européens et de données de l'OFS pour la Suisse.

du chiffre d'affaires et 13 % d'entre elles en représentent plus de 80 %. La concentration du marché, mesurée par le niveau d'asymétrie de la distribution de la taille des entreprises, concerne tous les groupes des industries alimentaires suisses.

Si les industries alimentaires suisses ont enregistré une forte croissance de leur chiffre d'affaires, d'autres industries manufacturières ont progressé à un rythme encore plus élevé : par conséquent, la part des industries alimentaires dans l'industrie manufacturière est en repli sur la période 2001-11. Dans tous les autres pays étudiés (sauf l'Allemagne), cette part est restée stable ou a augmenté. En outre, la productivité du travail dans les industries alimentaires suisses s'est accrue au rythme impressionnant de 6 % par an. Seuls les Pays-Bas ont enregistré un taux de croissance légèrement supérieur (tableau 5.4).

Tableau 5.4. **Part des industries alimentaires dans l'industrie manufacturière et productivité du travail (en fonction du chiffre d'affaires)**

	Part dans le chiffre d'affaires de l'industrie manufacturière			Productivité du travail (1 000 € de chiffre d'affaires par salarié)		
	2001 (%)	2011 (%)	Croissance[1] (%)	2001	2011	Croissance[1] (%)
Suisse[2]	11.8	9.6	-2.0	319	482	6.1
Autriche	11.0	11.1	0.2	153	191	2.2
Allemagne	9.6	9.2	-0.4	165	167	0.1
Espagne	17.5	21.6	2.1	193	208	0.8
France	14.8	18.8	2.4	212	226	0.6
Italie	11.7	13.5	1.4	216	219	0.1
Pays-Bas	18.9	20.3	0.7	255	483	6.6
Royaume-Uni	14.3	17.9	2.3	202	195	-0.3

1. Taux de croissance annuel entre 2001 et 2011.
2. Données sur la population active suisse pour 2008 et taux de croissance pour la période 2001-08.
Source : Calculs réalisés par LEI à partir de données d'Eurostat pour les pays européens et de l'OFS pour la Suisse.

Entre 2001 et 2011, les exportations de produits alimentaires et de boissons transformés suisses ont augmenté à un rythme soutenu (15 %), supérieur à la moyenne mondiale (13 %), au point où leur part sur le marché mondial s'est accrue. Les importations, en revanche, ont augmenté moins vite que la moyenne mondiale, d'où une part plus faible sur le marché mondial. La Suisse est une petite puissance commerciale, tout comme l'Autriche, et représente environ 1 % des exportations et des importations sur le marché mondial. L'Allemagne, plus grand pays exportateur et importateur des pays étudiés, représente environ 7 % du commerce mondial. La France a perdu la première place : la part des exportations est passée de 8.5 % en 2000 à 6.0 % en 2012. Parmi les pays étudiés, le Royaume-Uni est le plus gros importateur net et les Pays-Bas sont les plus grands exportateurs nets. Le solde commercial de la Suisse est légèrement négatif et la Suisse est un importateur net sur le long terme. L'avantage commercial relatif de la Suisse est légèrement inférieur à -0.2, ce qui indique qu'il s'agit d'un importateur non spécialisé (tableau 5.5 et graphique 5.2).

Tableau 5.5. **Échanges et parts de marché des industries alimentaires et de boissons**

	Exportations				Importations			
	Exportations 2012 (millions USD)	Croissance 2000-11 (%)	Part de marché 2000 (%)	Part de marché 2011 (%)	Importations 2012 (millions USD)	Croissance 2000-11 (%)	Part de marché 2000 (%)	Part de marché 2011 (%)
Suisse	7 889	15.2	0.6	0.9	8 237	9.2	1.1	1.0
Autriche	10 069	13.9	0.9	1.1	9 248	12.1	0.9	1.1
Allemagne	64 446	12.5	6.4	7.1	59 075	10.2	7.4	7.1
Espagne	29 024	11.1	3.1	3.0	23 520	9.7	3.2	2.9
France	53 620	7.8	8.5	6.0	43 276	9.1	5.9	5.0
Italie	32 574	10.2	4.0	3.6	32 122	9	4.7	3.9
Pays-Bas	59 633	11.3	6.8	6.7	41 461	12.9	3.7	4.6
Royaume-Uni	26 212	7.7	4.2	2.9	47 147	8.2	6.9	5.3

Source : Calculs réalisés par LEI à partir de données Comtrade.

Graphique 5.2. **Indicateurs relatifs aux échanges des industries alimentaires et de boissons**

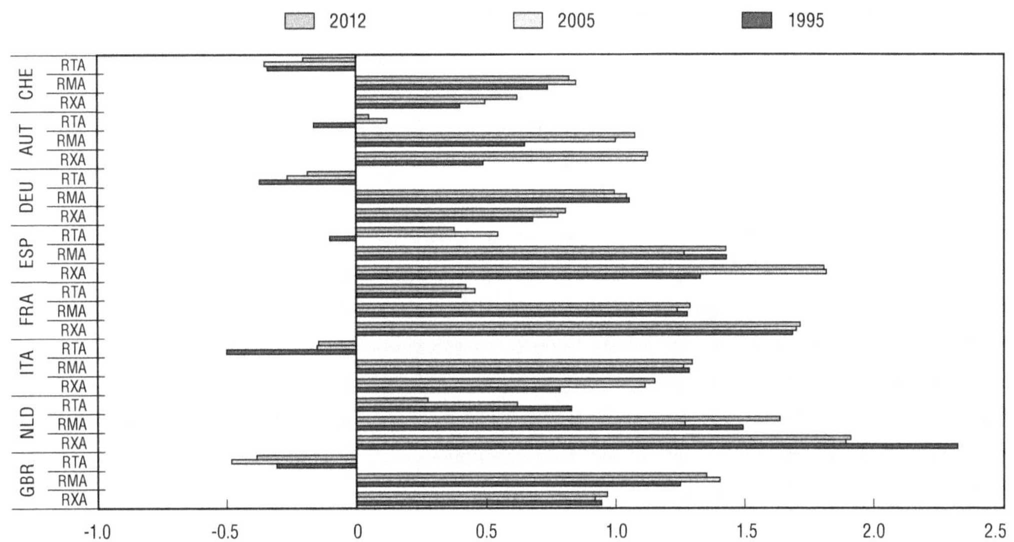

Note : RTA, RMA, RXA renvoient à des indices d'avantages relatifs en matière de commerce/d'importations/ d'exportations et sont définis à l'annexe 5.B1.
Source : Calculs réalisés par LEI à partir de données Comtrade.

Résultats clés dans les industries alimentaires étudiées

L'évolution des différents groupes des industries alimentaires et de boissons suisses est contrastée. Cette partie fournit de plus amples informations sur les principales industries des industries alimentaires suisses : i) transformation de la viande ; ii) produits laitiers ; iii) boissons ; et iv) autres produits alimentaires (la fabrication de cacao et de chocolat représente la moitié de cette catégorie). Ces quatre industries génèrent 90 % du chiffre d'affaires de l'ensemble du secteur alimentaire suisse.

Transformation de la viande

La compétitivité globale (O) de l'industrie de transformation de la viande (C101) en Suisse est la plus faible de tous les pays étudiés (graphique 5.3). Les principales évolutions révèlent que :

- la part du chiffre d'affaires de l'industrie de la viande dans l'industrie manufacturière suisse (S) s'est sensiblement repliée et les résultats de la Suisse sont les plus faibles observés ;
- la croissance du chiffre d'affaires réel (P) de l'industrie de la viande est supérieure à la moyenne et comparable à celle de l'Autriche, de l'Espagne et des Pays-Bas ;
- la croissance de la productivité du travail (chiffre d'affaires réel par salarié – L) est la plus faible de tous les pays étudiés ;
- l'avantage commercial relatif de la Suisse (T) est resté stable et se situe au-dessus de la moyenne. La Suisse demeure un importateur net de produits à base de viande ;
- la performance de la part des exportations suisses sur le marché mondial (M) se situe juste au-dessous de la moyenne : la part de marché gagnée par la Suisse n'est pas significative (0.1 point de pourcentage) L'Allemagne a gagné une part de marché significative passant de 5 % à 9 % (soit 4 points de pourcentage).

Graphique 5.3. **Compétitivité de l'industrie de la viande**

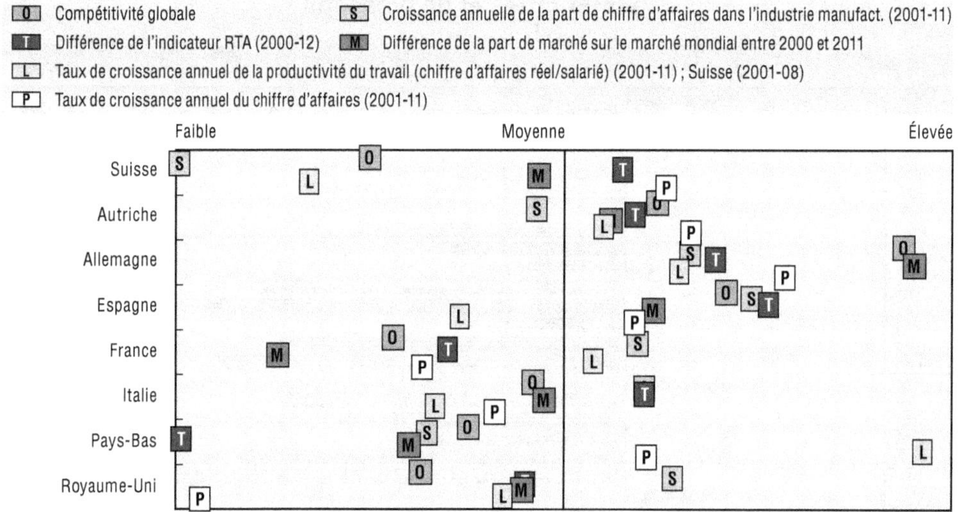

Source : Calculs réalisés par LEI à partir de données d'Eurostat et de l'OFS.

L'offre de viande bovine et porcine produite localement a diminué et l'offre de volaille a fortement augmenté sur la période 1991-2011. Sur la période 1991-2012, la production de viande bovine et porcine a fléchi (respectivement -0.9 % et -0.4 % par an). La production de viande de poulet a augmenté de 4.2 % par an, soit la croissance la plus rapide après l'Allemagne (5 %). L'auto-suffisance de la Suisse pour tous les produits à base de viande est toutefois resté inférieure à 100 %. Dans l'ensemble, l'offre de viande bovine et porcine destinée à l'industrie de transformation de la viande a baissé sur la période 1991-2011. La plupart des pays étudiés, à l'exception des Pays-Bas, ne parviennent pas à l'auto-suffisance dans chaque catégorie de viande (graphique 5.4).

Graphique 5.4. **Production de viande et autosuffisance**

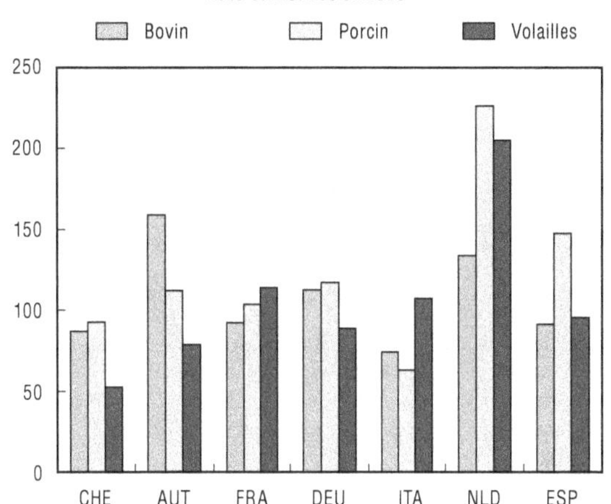

Source : Calculs réalisés par LEI à partir de données FAOstat.

Les prix à la sortie de l'exploitation sont plus élevés en Suisse que dans les pays de l'UE étudiés, ce qui crée un désavantage concurrentiel pour l'industrie de transformation de la viande lorsque les matières premières proviennent du marché intérieur. Cela est particulièrement vrai pour la viande bovine et la volaille, dont les écarts de prix entre la Suisse et l'UE ont augmenté. Les prix de la viande porcine tendent à converger vers les niveaux pratiqués dans l'UE (graphiques 5.A1.1-5.A1.3 en annexe).

L'industrie de la viande suisse est la plus petite de tous les pays étudiés et elle représente une part non significative sur les marchés mondiaux. Or, le chiffre d'affaires moyen par entreprise est largement supérieur à celui des autres pays, bien qu'il ait récemment diminué (tableau 5.6). L'industrie de la viande suisse a vu sa part dans l'ensemble de l'industrie manufacturière diminuer drastiquement durant la période 2001-11 et sa productivité du travail baisser, signe d'une position fragile dans la concurrence pour les moyens de production (tableau 5.7).

Tableau 5.6. **Structure de l'industrie de la viande en 2011**

	Chiffre d'affaires		Entreprises		Chiffre d'affaires moyen par entreprise		Salariés	
	Milliards (€)	Croissance[1] (%)	Nombre	Croissance[1] (%)	Million (€)	Croissance[1] (%)	1 000	Croissance[1] (%)
Suisse[2]	4.1	1.3	257	1.5	16.0	-0.1	11.9	-0.1
Autriche	3.7	3.9	986	-1.6	3.8	5.6	16.9	-0.2
Allemagne	44.1	4.2	11 295	-2.6	3.9	7.0	202.1	-0.4
Espagne	20.9	3.7	4 062	-0.7	5.1	4.4	83.3	1.4
France	34.9	0.0	6 540	-5.9	5.3	6.2	127.9	-3.0
Italie	19.8	1.6	3 601	-0.3	5.5	2.0	59.3	0.5
Pays-Bas	9.2	0.6	519	-4.5	17.8	5.4	13.9	-6.6
Royaume-Uni	16.9	-1.3	1 024	-1.2	16.5	0.0	74.5	-4.7

1. Taux de croissance annuel entre 2001 et 2011.
2. Données sur la population active suisse pour 2008 et taux de croissance pour la période 2001-08.
Source : Calculs réalisés par LEI à partir de données d'Eurostat pour les pays européens et données de l'OFS pour la Suisse.

Tableau 5.7. Part de l'industrie de la viande dans l'industrie manufacturière et productivité du travail

En fonction du chiffre d'affaires réel

	Part dans le chiffre d'affaires de l'industrie manufacturière			Productivité du travail (chiffre d'affaires de 1 000 € par salarié)		
	2001 (%)	2011 (%)	Croissance[1] (%)	2001	2011	Croissance[1] (%)
Suisse[2]	1.8	1.0	-6.1	294	227	-3.6
Autriche	2.3	2.1	-0.6	144	169	1.6
Allemagne	2.0	2.3	1.3	132	179	3.1
Espagne	3.6	4.4	2.2	200	188	-0.7
France	3.7	3.9	0.5	192	221	1.4
Italie	2.0	2.2	0.6	286	255	-1.1
Pays-Bas	3.8	3.0	-2.3	297	637	7.9
Royaume-Uni	2.6	2.9	1.0	154	157	0.2

1. Taux de croissance annuel entre 2001 et 2011.
2. Données sur la population active suisse pour 2008 et taux de croissance pour la période 2001-08.
Source : Calculs réalisés par LEI à partir de données d'Eurostat pour les pays européens et de données de l'OFS pour la Suisse.

Fabrication de produits laitiers

La compétitivité globale (O) de l'industrie laitière suisse (C105) est faible comparée à celle des pays de référence (graphique 5.5). Les principales évolutions révèlent que :

- la part du chiffre d'affaires de l'industrie laitière dans l'industrie manufacturière (S) a fortement fléchi et la performance de la Suisse est la plus faible observée ;
- la croissance du chiffre d'affaires réel (P) de l'industrie laitière est supérieure à la moyenne ;
- la croissance de la productivité du travail (chiffre d'affaires réel par salarié – L) est faible, comparée en particulier à celle des Pays-Bas, mais elle est légèrement supérieure à celle de l'Autriche ;
- l'avantage commercial relatif (T) de la Suisse a baissé ; la Suisse se situe au-dessous de la moyenne et elle est relativement fragile. Elle demeure toutefois un exportateur net de produits laitiers ;
- la croissance de la part des exportations suisses sur le marché mondial (M) est supérieure à la moyenne : elle a moins baissé que celle des principaux exportateurs de l'UE, la France, l'Allemagne et les Pays-Bas.

La production de lait en Suisse et dans les pays de référence est restée plutôt stable sur la période 1991-2009. On peut toutefois observer une faible augmentation pour certains pays, dont la Suisse, et une baisse de la production de lait pour d'autres. L'auto-suffisance de la Suisse s'accroit, mais lentement. Certains pays comme l'Autriche et les Pays-Bas ont enregistré une croissance plus forte, tandis que l'Espagne et le Royaume-Uni ont connu un repli. On peut donc conclure que l'approvisionnement en matières premières produites localement n'a pas significativement changé pour la Suisse (tableau 5.8).

Le prix du lait reste plus élevé en Suisse que dans les pays de l'UE étudiés. Toutefois, les prix convergent progressivement : au début des années 90, le prix à la production en Suisse s'établissait à environ 1.9 fois le prix allemand, contre 1.5 fois en 2011. Le prix du lait présente de fortes disparités au sein de l'UE, avec une différence de 40 % entre le prix le plus élevé (Italie) et le prix le plus bas (Royaume-Uni) pour la période 2009-11 (graphique 5.A1.4 en annexe).

Graphique 5.5. **Compétitivité de l'industrie laitière**

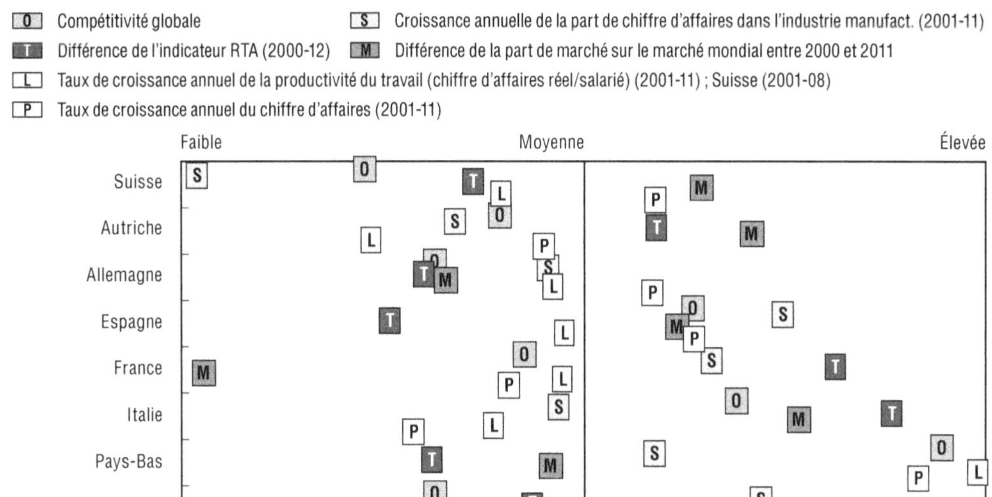

Source : Calculs réalisés par LEI à partir de données d'Eurostat et de l'OFS.

Tableau 5.8. **Production de lait et autosuffisance**

	Production (millions de tonnes)				Auto-suffisance[1] (%)			
	2009	1991-2009			2009	1991-2009		
		Moyenne	Écart-type	Croissance		Moyenne	Écart-type	Croissance
Suisse	4.1	3.9	0.1	0.2	117.3	113.3	2.8	0.2
Autriche	3.3	3.2	0.1	-0.1	136.5	118.9	10.1	1.2
Allemagne	24.2	25.7	0.6	-0.6	127.6	124	3.8	0.4
Espagne	29.2	28.4	0.4	0.0	121.3	122	5.5	-0.1
France	11.4	12.2	0.6	-0.3	68.8	69.4	1.9	0.1
Italie	11.5	11.1	0.3	0.2	163.3	135.1	12.7	0.9
Pays-Bas	7.4	7.1	0.3	0.1	70.2	80.3	6.0	-1.2
Royaume-Uni	13.2	14.6	0.5	-0.6	77.8	91.1	5.9	-1.1

1. L'auto-suffisance renvoie à l'offre locale (= offre destinée à l'utilisation locale (FAO : *http://faostat.fao.org/site/379/DesktopDefault.aspx?PageID=379*) exprimée en pourcentage de la production.

Source : Calculs réalisés par LEI à partir des données de FAOStat sur les équilibres des produits, code produit 2848 « Lait – Excl Beurre ».

Les résultats de l'industrie laitière suisse sont faibles comparés à ceux des pays de référence. Le taux de croissance du chiffre d'affaires figure parmi les plus bas des pays étudiés. Le nombre d'entreprises a fortement baissé dans l'industrie laitière suisse, plus encore qu'en Italie, en Espagne ou au Royaume-Uni. La diminution du nombre d'entreprises s'est traduite par une augmentation plutôt importante de la taille des entreprises avec une croissance du chiffre d'affaires moyen par entreprise de 5 %: Le chiffre d'affaires moyen par entreprise en Suisse est toutefois l'un des plus faibles, avec l'Italie et l'Espagne. Il est 5 à 9 fois plus élevé pour les entreprises néerlandaises et allemandes. En outre, l'emploi dans l'industrie laitière en Suisse a diminué, tout comme dans la plupart des autres pays (tableau 5.9).

Malgré une croissance modérée du chiffre d'affaires, la part de l'industrie laitière suisse dans l'industrie manufacturière a rapidement fléchi. La productivité du travail (chiffre d'affaires réel par salarié) s'est maintenue au même niveau en Suisse alors qu'elle a fortement augmenté aux Pays-Bas (tableau 5.10).

Tableau 5.9. **Structure de l'industrie laitière en 2011**

	Chiffre d'affaires		Entreprises		Chiffre d'affaires moyen par entreprise		Salariés	
	Milliards (€)	Croissance[1] (%)	Nombre	Croissance[1] (%)	Million (€)	Croissance[1] (%)	1 000	Croissance[1] (%)
Suisse[2]	4.9	0.8	768	-4.0	6.4	5.0	8.2	-2.2
Autriche	2.4	2.1	157	3.3	15.5	-1.2	4.9	0.8
Allemagne	27.5	2.1	472	3.9	58.2	-1.7	40.1	0.1
Espagne	10.6	4	1 445	-0.3	7.3	4.3	26.8	0.5
France	27.2	0.9	1 958	2.7	13.9	-1.7	57.2	-1.2
Italie	18.1	0.5	3 382	-1.2	5.4	1.7	44.1	-1.8
Pays-Bas	10.5	3.4	304	2.6	34.7	0.8	12.4	-0.5
Royaume-Uni	9.9	-0.1	573	-0.5	17.3	0.4	26.4	-3.5

1. Taux de croissance annuel entre 2001 et 2011.
2. Données sur la population active suisse pour 2008 et taux de croissance pour la période 2001-08.
Source : Calculs réalisés par LEI à partir de données d'Eurostat pour les pays européens et de l'OFS pour la Suisse.

Tableau 5.10. **Part de l'industrie laitière dans l'industrie manufacturière et productivité du travail**

En fonction du chiffre d'affaires

	Part dans le chiffre d'affaires de l'industrie manufacturière			Productivité du travail (chiffre d'affaires de 1 000 € par salarié)		
	2001 (%)	2011 (%)	Croissance[1] (%) 2001-11	2001	2008	Croissance[1] (%) 2001-08
Suisse[2]	2.2	1.1	-6.6	460	460	0.0
Autriche	1.8	1.4	-2.3	423	378	-1.1
Allemagne	1.5	1.4	-0.8	538	562	0.5
Espagne	1.7	2.3	2.6	280	296	0.6
France	2.6	3.0	1.4	365	385	0.5
Italie	2.1	2.0	-0.6	315	313	-0.1
Pays-Bas	3.3	3.4	0.4	545	820	4.2
Royaume-Uni	1.4	1.7	2.2	259	262	0.1

1. Taux de croissance annuel entre 2001 et 2011.
2. Données sur la population active suisse pour 2008 et taux de croissance pour la période 2001-08.
Source : Calculs réalisés par LEI à partir de données d'Eurostat pour les pays européens et de l'OFS pour la Suisse.

Les produits laitiers suisses réalisent de faibles performances sur le marché mondial par rapport aux pays de référence. Les parts de marché à l'exportation ainsi qu'à l'importation diminuent, malgré la croissance de certaines niches pour des fromages spéciaux. Les échanges commerciaux mondiaux (exportations et importations) de produits laitiers se sont accrus d'environ 12 % sur la période 2000-11. La Suisse et tous les pays européens étudiés ont enregistré des taux de croissance dans le secteur des produits laitiers inférieurs aux niveaux mondiaux. Cela s'est traduit par de moindres parts de marchés en 2012 par rapport à 2000 tant à l'importation qu'à l'exportation. L'Allemagne, la France et les Pays-Bas sont de relativement gros exportateurs et importateurs ; ils sont tous les trois des exportateurs nets. La Suisse est un exportateur net de produits laitiers sur toute la période. L'Italie a accru ses exportations à un rythme plus rapide que la moyenne mondiale et a augmenté sa part d'exportations sur le marché mondial, tout en demeurant néanmoins un gros importateur (tableau 5.11).

Tableau 5.11. **Échanges et parts de marché des produits laitiers transformés**

	Exportations				Importations			
	Exportations 2012 (millions USD)	Croissance 2000-11 (%)	Part de marché 2000 (%)	Part de marché 2011 (%)	Importations 2012 (millions USD)	Croissance 2000-11 (%)	Part de marché 2000 (%)	Part de marché 2011 (%)
Suisse	761	8.1	1.3	1.0	516	9.2	0.8	0.7
Autriche	1 301	10.9	1.6	1.7	889	10.1	1.3	1.2
Allemagne	9 928	9.2	15.4	13.7	6 694	10.2	10.1	10.2
Espagne	1 158	7.9	1.9	1.5	2 336	9.5	3.7	3.5
France	7 915	7.6	14.0	10.5	3 725	7.0	7.8	5.7
Italie	3 128	11.5	3.7	4.1	4 577	7.5	9.5	7.3
Pays-Bas	7 633	9.5	11.8	10.7	3 930	7.5	7.3	5.5
Royaume-Uni	1 735	6.6	3.6	2.4	3 838	7.7	6.8	5.4

Source : Calculs réalisés par LEI à partir de données Comtrade.

Fabrication d'autres produits alimentaires

La compétitivité globale (O) de l'industrie de fabrication des autres produits alimentaires suisse (C108) est très élevée par rapport aux pays de référence (graphique 5.6). Les principales évolutions révèlent que :

- la part du chiffre d'affaires de l'industrie « autres produits alimentaires » dans l'industrie manufacturière (S) a augmenté en Suisse, elle a toutefois augmenté plus vite dans plusieurs pays de référence. Par conséquent, la Suisse affiche des résultats inférieurs à la moyenne pour cet indicateur ;
- la croissance du chiffre d'affaires réel (P) de l'industrie « autres produits alimentaires » est plutôt forte et elle est la plus élevée de tous les pays étudiés ;
- la croissance de la productivité du travail (chiffre d'affaires réel par salarié – L) est soutenue et supérieure à la moyenne. Sur la période 2001-08, la croissance annuelle s'établissait à 14 % par an, bien au-dessus des 3 % enregistrés par les Pays-Bas ;
- l'avantage commercial relatif (T) de la Suisse est le plus élevé de tous les pays étudiés. La Suisse est un exportateur net « d'autres produits alimentaires » ;
- en outre, la Suisse enregistre les meilleurs résultats en matière de part des exportations sur le marché mondial (M).

Le chiffre d'affaires de l'industrie « autres produits alimentaires » a connu une croissance très rapide en Suisse : de l'ordre de 10 % par an, loin devant les résultats des autres pays qui enregistraient également des taux de croissance élevés. Le nombre d'entreprises s'est accru à un rythme plus lent, ce qui s'est traduit par une forte croissance de la taille des entreprises mesurée par le chiffre d'affaires moyen. Le chiffre d'affaires moyen en Suisse est 2.5 fois plus élevé que celui des Pays-Bas et de l'Allemagne (figurant respectivement en deuxième et troisième position) et 15 fois plus élevé que celui de l'Italie (en dernière position). En Suisse, ce fort taux de croissance du chiffre d'affaires s'est accompagné d'une baisse du nombre de salariés (tableau 5.12).

Le groupe « fabrication d'autres produits alimentaires », NACE C108, est une industrie relativement hétérogène, subdivisée en sept sous-industries (tableau 5.13). En Suisse, près de la moitié du chiffre d'affaires de cette industrie en 2011 provenait de la fabrication de cacao et de chocolat. Sa part a fortement progressé, passant de 20 % en 2001 à 47 % en 2011 (tableau 5.13). Son chiffre d'affaires s'est également accru très rapidement, enregistrant une

Graphique 5.6. **Compétitivité de l'industrie « autres produits alimentaires »**

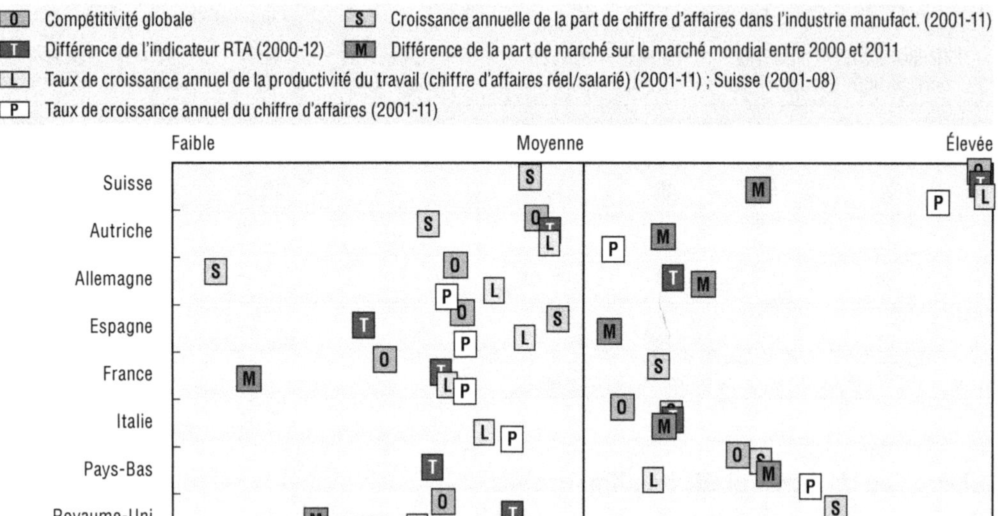

Source : Calculs réalisés par LEI à partir de données d'Eurostat et de l'OFS.

Tableau 5.12. **Structure de l'industrie « autres produits alimentaires » en 2011**

	Chiffre d'affaires		Entreprises		Chiffre d'affaires moyen par entreprise		Salariés	
	Milliards (€)	Croissance[1] (%)	Nombre	Croissance[1] (%)	Million (€)	Croissance[1] (%)	1 000	Croissance[1] (%)
Suisse[2]	24.4	10.0	471	3.1	51.9	6.7	15.1	-0.6
Autriche	2.1	5.5	175	5.2	11.8	0.2	7.3	2.3
Allemagne	30.9	1.8	1 455	7.2	21.2	-5.0	101.5	1.3
Espagne	10.8	3.6	2 480	-2.4	4.3	6.1	45.6	0.7
France	25.7	2.3	3 737	5.9	6.9	-3.4	79.5	3.2
Italie	19.9	4.0	5 443	1.7	3.7	2.3	57.6	3.0
Pays-Bas	11.3	6.8	521	5.5	21.7	1.2	22.4	4.1
Royaume-Uni	19.6	2.1	242	-0.2	15.8	2.3	92.3	2.2

1. Taux de croissance annuel entre 2001 et 2011.
2. Données sur la population active suisse pour 2008 et taux de croissance pour la période 2001-08.
Source : Calculs réalisés par LEI à partir de données d'Eurostat pour les pays européens et de l'OFS pour la Suisse.

croissance de 18 % par an, et constitue, à ce titre, un élément moteur de l'augmentation de la productivité et de la compétitivité de l'industrie dans son ensemble.

Cette industrie repose en grande partie sur des matières premières importées, et non produites localement, comme le cacao, le thé et le café. Par conséquent, les matières premières sont plutôt diverses, constituées essentiellement d'importations ou de produits intermédiaires provenant d'autres industries. La betterave à sucre est produite en Suisse, mais le pays est un importateur net de sucres raffinés. L'autosuffisance en équivalent de sucre raffiné est comprise entre 50 % et 60 %.

La part de l'industrie « autres produits alimentaires » dans l'industrie manufacturière suisse était déjà en 2001 la plus élevée parmi les pays étudiés et elle a augmenté depuis. La productivité du travail (chiffre d'affaires par salarié) de l'industrie suisse est de loin la plus élevée et la croissance de cet indicateur est la plus forte de tous les pays étudiés (tableau 5.14).

Tableau 5.13. **Distribution des sous-industries de l'industrie « fabrication d'autres produits alimentaires »**

NOGA/NACe	Description	2001 Nombre (%)	2001 Chiffre d'affaires (%)	2011 Nombre (%)	2011 Chiffre d'affaires (%)
108	Fabrication d'autres produits alimentaires	100.0	100.0	100.0	100.0
1082	Fabrication de cacao, chocolat et de produits de confiserie	24.8	22.4	21.4	48.1
108201	*Fabrication de cacao et de chocolat*	11.8	19.6	13.6	46.8
108202	*Fabrication de confiserie*	13.0	2.8	7.8	1.4
1083	Transformation du thé et du café	18.4	2.3	16.7	2.0
1084	Fabrication de condiments et assaisonnements	8.1	4.0	5.7	0.7
1085	Fabrication de plats préparés	17.0	0.9	7.2	2.5
1086	Fabrication d'aliments homogénéisés et diététiques	8.1	2.1	9.3	0.7
1089; 1081	Fabrication d'autres produits alimentaires n.c.a. et fabrication de sucre	23.6	68.3	39.6	45.9

Source : Calculs réalisés par LEI à partir de données de l'OFS sur la TVA suisse (Mehrwertsteuer Schweiz).

Tableau 5.14. **Part de l'industrie « autres produits alimentaires » dans l'industrie manufacturière et productivité du travail**

En fonction du chiffre d'affaires

	Part dans le chiffre d'affaires de l'industrie manufacturière			Productivité du travail (chiffre d'affaires de 1 000 € par salarié)		
	2001 (%)	2011 (%)	Croissance[1] (%)	2001	2011	Croissance[1] (%)
Suisse[2]	4.7	5.6	1.9	587	1 497	14.3
Autriche	1.1	1.2	1.0	200	215	0.7
Allemagne	1.7	1.6	-1.0	275	250	-1.0
Espagne	1.8	2.3	2.2	177	177	0.0
France	2.2	2.9	2.8	333	261	-2.4
Italie	1.6	2.2	2.9	300	264	-1.3
Pays-Bas	2.5	3.6	3.8	363	485	2.9
Royaume-Uni	2.1	3.3	4.5	207	147	-3.3

1. Taux de croissance annuel entre 2001 et 2011.
2. Données sur la population active suisse pour 2008 et taux de croissance pour la période 2001-08.
Source : Calculs réalisés par LEI à partir de données d'Eurostat pour les pays européens et de l'OFS pour la Suisse.

Les exportateurs suisses ont renforcé leur position sur le marché mondial ces dernières années. Alors que ce dernier a progressé de 13.9 % sur la période 2000-11, les exportations suisses ont augmenté encore plus vite, à un rythme de 16.4 % par an (tableau 5.15).

Les évolutions décrites plus haut se retrouvent dans les indicateurs relatifs aux échanges, présentés dans le graphique A4.8 en annexe. L'avantage relatif à l'exportation (RXA) est supérieur à 1 pour la Suisse, ce qui signifie que le pays est un exportateur spécialisé. L'avantage commercial relatif (RTA) a presque triplé, passant de 0.3 en 1995 à 0.8 en 2012. La France est les Pays-Bas affichent eux aussi un RXA supérieur à 1. Ces pays sont également des importateurs « d'autres produits alimentaires » spécialisés, puisque leur avantage relatif à l'importation (RMA) est aussi supérieur à 1. Ces pays sont donc spécialisés dans les échanges « d'autres produits alimentaires » par rapport aux autres pays. L'Autriche, l'Espagne, la France et le Royaume-Uni sont des importateurs nets. Certains affichent des RTA négatifs. Les données montrent une augmentation de la compétitivité de la Suisse pour les « autres produits alimentaires » sur le marché mondial.

Tableau 5.15. **Échanges et parts de marché de l'industrie « autres produits alimentaires »**

	Exportations				Importations			
	Exportations 2012 (millions USD)	Croissance 2000-11 (%)	Part de marché 2000 (%)	Part de marché 2011 (%)	Importations 2012 (millions USD)	Croissance 2000-11 (%)	Part de marché 2000 (%)	Part de marché 2011 (%)
Suisse	3 896	16.4	1.7	2.5	1 760	11.3	1.3	1.2
Autriche	1 672	13.2	1.0	1.1	2 138	12.5	1.3	1.3
Allemagne	14 093	13.0	8.4	8.8	10 308	11.1	7.4	6.5
Espagne	3 072	10.9	2.2	1.9	4 030	12.9	2.7	2.8
France	7 519	7.9	7.4	4.7	8 078	10.8	6.0	5.1
Italie	5 323	12.8	3.1	3.1	4 270	12.3	2.6	2.6
Pays-Bas	10 896	13.8	6.2	7.0	7 030	14.6	3.8	4.7
Royaume-Uni	3 883	6.0	4.6	2.4	8 370	8.8	7.3	5.1

Source : Calculs réalisés par LEI à partir de données Comtrade.

Fabrication de boissons

La compétitivité globale (O) de l'industrie de fabrication de boissons (C11) suisse est supérieure à la moyenne des pays de référence (graphique 5.7). Les industries autrichiennes et néerlandaises sont légèrement plus dynamiques. Les principales évolutions révèlent que :

- en Suisse, la part du chiffre d'affaires de l'industrie de fabrication de boissons dans l'industrie manufacturière (S) est faible et en repli ;
- la croissance du chiffre d'affaires réel (P) de la fabrication de boissons est supérieure à la moyenne, les Pays-Bas et l'Autriche enregistrent de meilleurs résultats que la Suisse ;
- la croissance de la productivité du travail (chiffre d'affaires réel par salarié – L) est inférieure à la moyenne ;
- l'avantage commercial relatif (T) de la Suisse est supérieur à celui des pays étudiés. La Suisse est cependant un importateur net de boissons ;
- la performance de la part d'exportations suisses sur le marché mondial (M) est la plus forte après l'Allemagne. Les exportations de ces deux pays ont progressé deux fois plus vite que la moyenne mondiale.

Le chiffre d'affaires de l'industrie de fabrication de boissons en Suisse a enregistré une croissance modeste (4.5 %) entre 2001 et 2011, supérieure à celles de l'Allemagne et du Royaume-Uni (-0.4 %) et inférieure à celles de l'Autriche et des Pays-Bas (respectivement 10 % et 12 %). Le chiffre d'affaires moyen par entreprise est au même niveau que celui des pays de l'Europe du Sud, mais inférieur à celui des pays de référence non producteurs de vins (Pays-Bas, Royaume-Uni) (tableau 5.16).

L'industrie de fabrication de boissons (NACE C110) est une industrie plutôt hétérogène, subdivisée en cinq sous-industries. Près de la moitié de son chiffre d'affaires provient de la sous-industrie des boissons rafraîchissantes et des eaux embouteillées. Viennent ensuite la fabrication de bière (34 % du chiffre d'affaires) puis la production de vin de raisin (15 %). Cette dernière représente près de la moitié des entreprises, constituées, fort probablement, de viticulteurs qui produisent du vin à partir de leurs propres récoltes (tableau 5.17).

Les statistiques de la FAO montrent que les matières premières utilisées pour la production de vin proviennent essentiellement de Suisse. Les raisins importés sont principalement destinés à une consommation directe ou après transformation dans des salades de fruits prêtes à déguster. La production était relativement stable sur la période 1991-2011 et s'établissait à 130 000 tonnes, production négligeable comparée aux

Graphique 5.7. **Compétitivité de l'industrie « fabrication de boissons »**

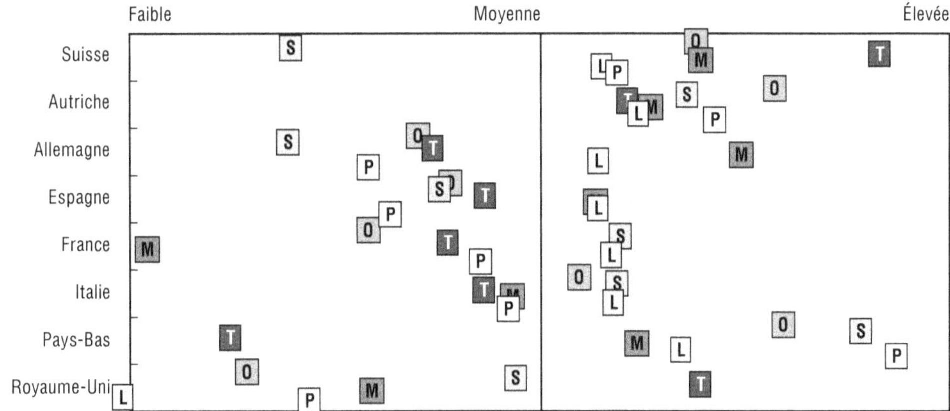

Source : Calculs réalisés par LEI à partir de données d'Eurostat et de l'OFS.

Tableau 5.16. **Structure de l'industrie « fabrication de boissons » en 2011 (Suisse 2008)**

	Chiffre d'affaires		Entreprises		Chiffre d'affaires moyen par entreprise		Salariés	
	Milliards (€)	Croissance[1] (%)	Nombre	Croissance[1] (%)	Million (€)	Croissance[1] (%)	1 000	Croissance[1] (%)
Suisse[2]	3.2	4.5	367	1.6	8.6	2.8	7.1	2.1
Autriche	4.9	9.7	365	3.2	13.4	6.3	9.0	-0.2
Allemagne	20.1	-0.4	2 019	0.1	10.0	-0.6	70.5	-1.2
Espagne	15.8	1.6	4 557	0.2	3.5	1.4	47.8	-0.5
France	25.1	3.0	2 959	-1.7	8.5	4.7	44.1	-0.5
Italie	19.0	4.5	2 871	-0.4	6.6	4.9	35.9	-0.2
Pays-Bas	4.7	12.1	189	6.6	25.1	5.2	7.0	-3.0
Royaume-Uni	21.3	-0.4	1 033	3.3	20.6	-3.6		

1. Taux de croissance annuel entre 2001 et 2011.
2. Données sur la population active suisse pour 2008 et taux de croissance pour la période 2001-08.
Source : Calculs réalisés par LEI à partir de données d'Eurostat pour les pays européens et de l'OFS pour la Suisse.

Tableau 5.17. **Distribution des sous-industries de la fabrication de boissons (en %)**

NACE	Description	2001		2011	
		Entreprises	Chiffre d'affaires	Entreprises	Chiffre d'affaires
C110	Fabrication de boissons	100.0	100.0	100.0	100.0
C1101	Production de boissons alcooliques distillées	29.4	9.5	20.1	8.0
C1102	Production de vin (de raisin)	41.9	12.3	45.9	15.1
C1103 et C1104	Fabrication de cidre et de vins de fruits et production d'autres boissons fermentées non distillées	3.8	1.2	4.4	1.2
C1105 et C1106	Fabrication de bière et de malt	12.8	31.7	18.0	33.7
C1107	Industrie des eaux minérales et autres eaux embouteillées et des boissons rafraîchissantes	12.1	45.3	11.5	42.1

Source : Calculs réalisés par LEI à partir de données de l'OFS sur la TVA suisse.

6 millions de tonnes de raisin récoltées en France, en Italie ou en Espagne. La production autrichienne représente deux fois celle de la Suisse. Le prix des raisins suisses est élevé par rapport à celui des pays de référence (graphique 5.A1.5 en annexe). Pour la bière, l'un des intrants est le malt d'orge, qui est importé en franchise.

En Suisse, la part du chiffre d'affaires de la fabrication de boissons dans l'industrie manufacturière est en repli (-3.2 %) et se situe au même niveau que celle de l'Allemagne. Dans les autres pays de référence, cette part a augmenté : elle est élevée aux Pays-Bas et en Autriche par rapport aux autres pays (tableau 5.18).

Tableau 5.18. **Part de la fabrication de boissons dans l'industrie manufacturière et productivité du travail**

	Part dans le chiffre d'affaires de l'industrie manufacturière			Productivité du travail (chiffre d'affaires de 1 000 € par salarié)		
	2001 (%)	2011 (%)	Croissance[1] (%)	2001	2011	Croissance[1] (%)
Suisse[2]	1.0	0.7	-3.2	324	322	-0.1
Autriche	1.7	2.8	5.0	205	415	7.3
Allemagne	1.4	1.0	-3.2	253	234	-0.8
Espagne	3.3	3.4	0.2	269	247	-0.8
France	2.0	2.8	3.5	384	460	1.8
Italie	1.5	2.1	3.4	324	405	2.3
Pays-Bas	0.7	1.5	8.9	148	649	15.9
Royaume-Uni	3.0	3.6	1.9	382		

1. Taux de croissance annuel entre 2001 et 2011.
2. Données sur la population active suisse pour 2008 et taux de croissance pour la période 2001-08.
Source : Calculs réalisés par LEI à partir de données d'Eurostat pour les pays européens et de l'OFS pour la Suisse.

La fabrication de boissons est assez compétitive : la part de ses exportations sur le marché mondial a progressé de 28 % par an, bien plus vite que la moyenne mondiale à 11 %. Les exportations de boissons rafraîchissantes et d'eaux embouteillées représentent la majorité des exportations. Dans le même temps, les importations ont augmenté à un rythme plus lent, d'où une plus faible part de marché à l'importation. La Suisse demeure un (très petit) exportateur net de boissons tout comme l'Allemagne. Tous les autres pays étudiés sont des exportateurs nets. Les deux principaux exportateurs, la France et le Royaume-Uni, ont accusé un repli à l'exportation : la France est passée d'une part de marché de 23 % en 2000 à 17 % en 2011 et le Royaume-Uni de 14 % à 11 % (tableau 5.19).

Tableau 5.19. **Échanges et parts de marché de l'industrie « fabrication de boissons »**

	Exportations				Importations			
	Exportations 2012 (millions USD)	Croissance 2000-11 (%)	Part de marché 2000 (%)	Part de marché 2011 (%)	Importations 2012 (millions USD)	Croissance 2000-11 (%)	Part de marché 2000 (%)	Part de marché 2011 (%)
Suisse	1 851	27.9	0.3	1.7	1 901	7.6	2.5	2.0
Autriche	2 394	13.4	1.8	2.4	734	10.9	0.7	0.8
Allemagne	6 098	14.0	4.3	6.2	7 822	9.5	8.7	8.5
Espagne	4 665	10.0	4.4	4.3	2 280	8.0	3.1	2.6
France	17 856	7.4	23.1	17.3	3 915	9.7	4.3	4.3
Italie	8 053	9.3	8.8	8.0	1 940	8.2	2.5	2.1
Pays-Bas	5 194	11.1	4.8	5.2	3 993	12.8	3.1	4.2
Royaume-Uni	10 897	8.0	13.6	10.8	8 397	6.4	11.9	8.5

Source : Calculs réalisés par LEI à partir de données Comtrade.

La Suisse est devenue un exportateur spécialisé dans les boissons entre 1995 et 2012. L'avantage relatif à l'exportation est supérieur à 1 en 2012 et le pays conserve sa position d'importateur spécialisé dans les boissons. L'avantage relatif à l'importation est supérieur à 1. Ces deux évolutions se sont traduites par une amélioration de l'avantage commercial relatif, qui est passé de -1.5 en 1995 à -0.4 en 2012 (graphique 5.A1.9 en annexe).

Conclusions

L'évaluation de la compétitivité des industries alimentaires et de boissons révèle un résultat mitigé. Alors que certaines industries enregistrent d'excellents résultats, la plupart affichent de faibles performances par rapport à leurs concurrentes dans les pays de référence. L'industrie de fabrication d'autres produits alimentaires, très dynamique, représente environ 60 % du chiffre d'affaires et la moitié des exportations (2011) des industries alimentaires et de boissons. Le chiffre d'affaires de cette sous-industrie a progressé de 10 % par an : soit presque deux fois plus vite que les industries alimentaires et de boissons dans leur ensemble (5.8 %). L'industrie de fabrication de boissons est une autre industrie performante et représente 12 % des exportations de ces industries. L'industrie de fabrication d'huiles et de graisses enregistre également de bons résultats. Fournisseuse de produits intermédiaires destinés à la fabrication de condiments, d'assaisonnements et de repas, elle est fortement liée aux « autres produits alimentaires ». Dans ces sous-industries très dynamiques, la majeure partie des matières premières est importée ou constituée de produits non agricoles (eau minérale).

En outre, les industries les moins performantes, la viande, les produits laitiers et les aliments pour animaux, sont celles qui reposent fortement sur les matières premières locales. Ces industries doivent payer des prix relativement élevés pour leurs intrants agricoles, ces prix étant dans leur majorité supérieurs aux prix pratiqués dans l'UE. De plus, ces industries moins compétitives affichent une faible hausse de la productivité du travail et une intensité de main-d'œuvre élevée par rapport aux autres pays. Cette situation contraste avec les industries plus compétitives (voir plus haut) dont l'augmentation de la productivité du travail est bien plus forte.

Le régime de protection des importations et les politiques agricoles en vigueur nuisent à une participation plus dynamique du secteur agroalimentaire dans les chaînes de valeur régionales et mondiales. D'après l'OCDE (2013), une participation réussie dans ces chaînes de valeur, où une spécialisation à chaque étape de la production ajoute de la valeur au produit avant son entrée sur le marché final, requiert le libre accès aux meilleurs intrants aux prix les plus bas ainsi que l'existence de règlementations et de normes techniques qui facilitent l'échange de produits semi-transformés et finis avec les pays partenaires. La compétitivité de l'industrie agroalimentaire peut être renforcée par des marchés plus transparents et moins réglementés tant en amont qu'en aval (BAK Basel 2014).

Le changement structurel à l'œuvre dans les industries alimentaires suisses va se poursuivre et demandera la mise à profit des économies d'échelles et l'identification de marchés de niche. Des réformes de la politique agricole résolument tournées vers l'avenir seront nécessaires pour soutenir le développement d'un secteur fondé sur le jeu du marché à même de pouvoir contribuer à un accroissement de la compétitivité des industries alimentaires qui reposent sur des matières premières produites localement (DEFR 2014). Une transparence accrue et une concurrence renforcée en aval, notamment dans le commerce au détail, bénéficieront également aux agriculteurs et aux consommateurs (Hediger, W., El Benni, N., 2014).

Notes

1. Si cette étude cherche à couvrir tous les secteurs agroalimentaires, elle ne prend toutefois pas en compte la vente au détail dans son analyse.
2. Les méthodes et les indicateurs utilisés sont exposés en annexe à ce chapitre.
3. Le RXA présente un éventuel inconvénient : les réexportations peuvent être interprétées comme le signe de la forte compétitivité d'un secteur. Ces activités de transit peuvent être biaisées par le dynamisme d'un autre secteur, comme la logistique ou par des conditions favorables, qu'elles soient naturelles, mer par exemple, ou liées à la présence d'infrastructures, comme des aéroports. Cela n'est pas le cas en Suisse.
4. Nous avons utilisé la base de données Comtrade pour toutes les données relatives au commerce ; la base de données Eurostat-SSE pour toutes les données économiques portant sur les pays de l'UE ; les statistiques de l'OFS sur la TVA et sur la population active pour les données économiques sur la Suisse ; la base de données FAOstat pour la production, le prix des matières premières et le niveau d'auto-suffisance. La principale difficulté rencontrée dans l'évaluation de la compétitivité des industries alimentaires suisses réside dans l'accès aux données relatives à la valeur ajoutée. Nous avons dû utiliser le chiffre d'affaires comme variable de substitution. On ne dispose de données comparables pour la Suisse et pour les pays de l'UE que pour la période 2009-11.
5. Les différents graphiques de ce chapitre présentent les valeurs des indicateurs sous la forme de scores standardisés. Toutes les variables sont normalisées et ont pour moyenne 0 et pour écart-type 1. Un score standardisé de 0 est un score moyen, un score standardisé négatif, un score faible et un score standardisé positif, un score élevé.

ANNEXE 5.A1

Comparaison des prix aux producteurs et indicateurs relatifs aux échanges

Graphique 5.A1.1. **Prix de la viande porcine payé au producteur, 1991-2011**

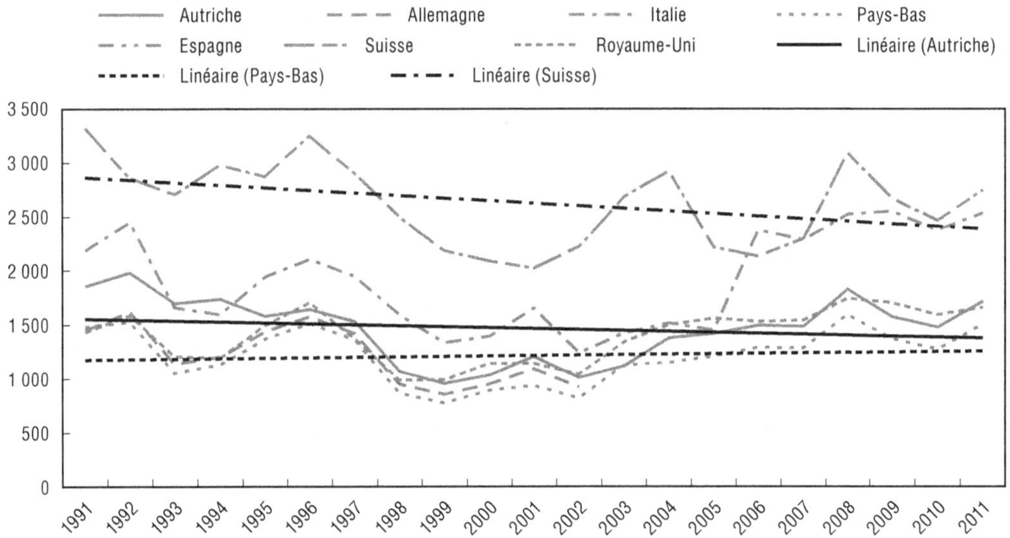

Source : Calculs réalisés par LEI à partir de données FAOStat.

Graphique 5.A1.2. **Prix de la viande bovine payé au producteur, 1991-2011**

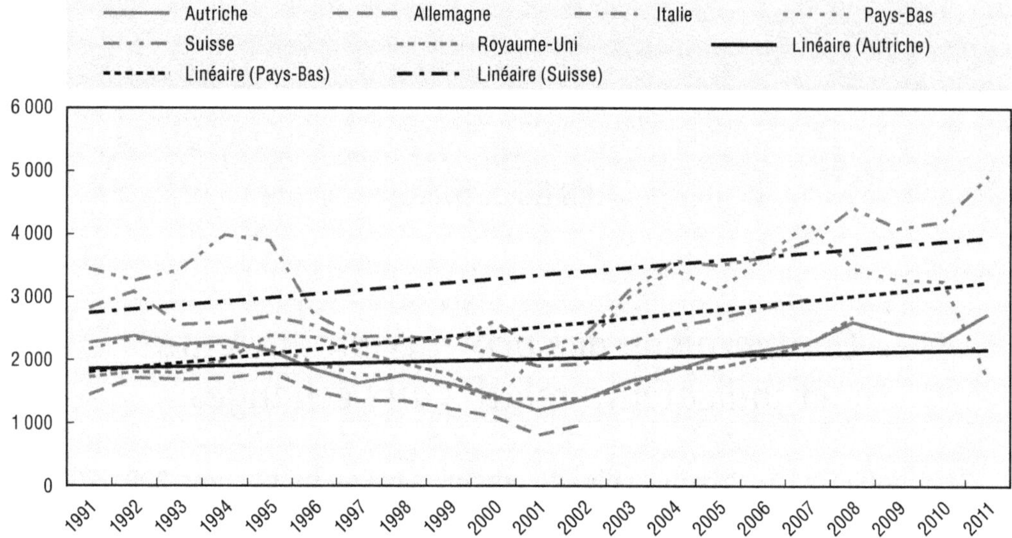

Source : Calculs réalisés par LEI à partir de données FAOStat.

Graphique 5.A1.3. **Prix de la volaille payé au producteur, 1991-2011**

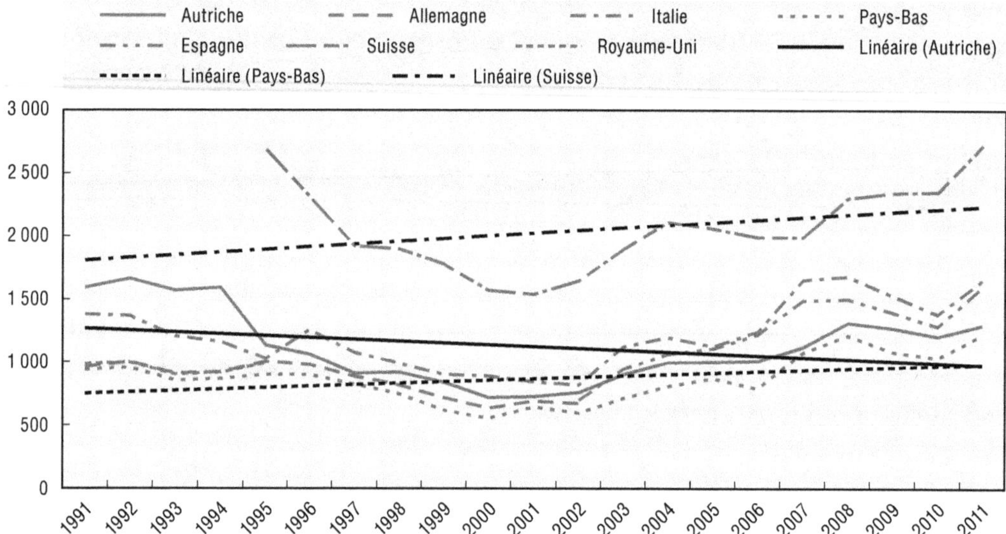

Source : Calculs réalisés par LEI à partir de données FAOStat.

Graphique 5.A1.4. **Prix du lait payé au producteur, 1991-2011**

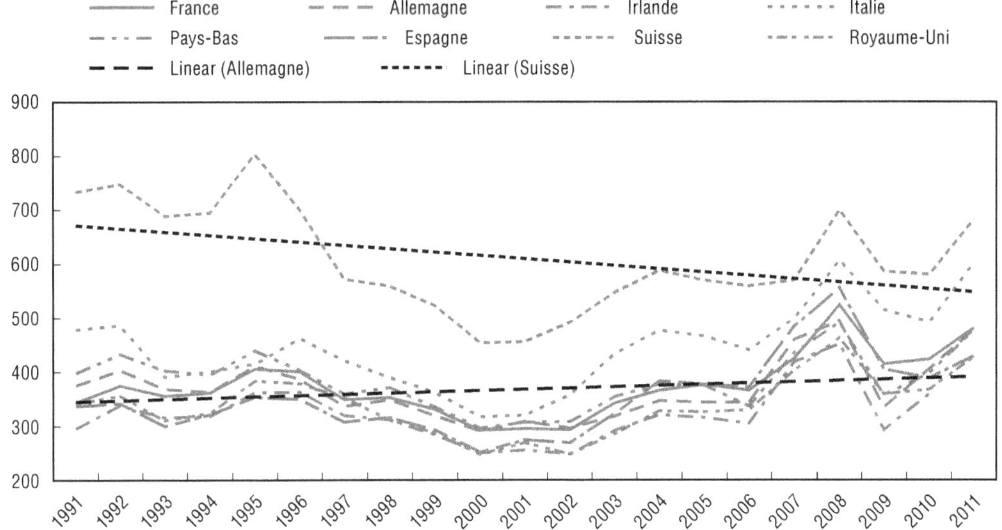

Source : Calculs réalisés par LEI à partir de données FAOStat.

Graphique 5.A1.5. **Prix du raisin en USD/tonne**

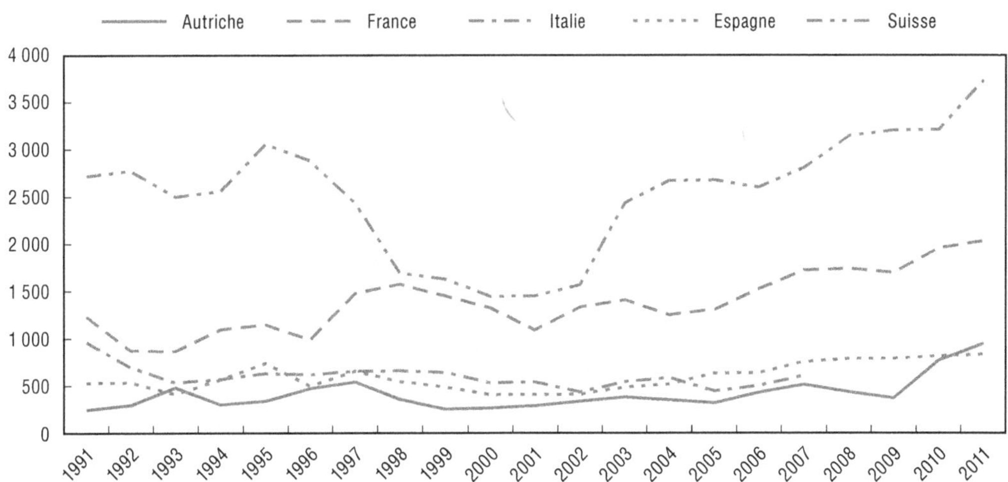

Source : Calculs réalisés par LEI à partir de données FAOStat.

Graphique 5.A1.6. **Indicateurs relatifs aux échanges de l'industrie de transformation de la viande**

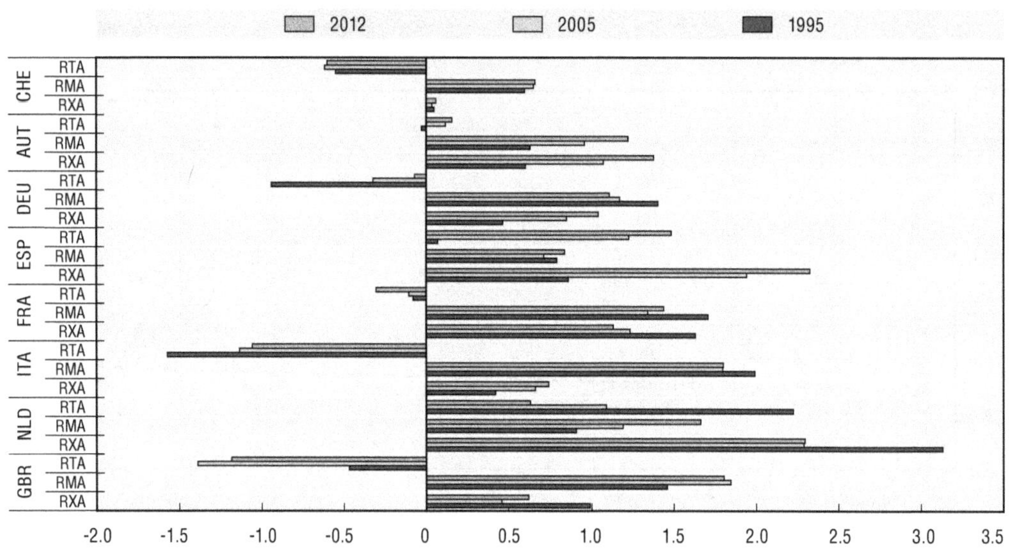

Note : RTA, RMA, RXA renvoient à des indices d'avantages relatifs en matière de commerce/d'importations/d'exportations et sont définis à l'annexe 5.1.

Source : Calculs réalisés par LEI à partir de données Comtrade.

Graphique 5.A1.7. **Indicateurs relatifs aux échanges de l'industrie de fabrication de produits laitiers**

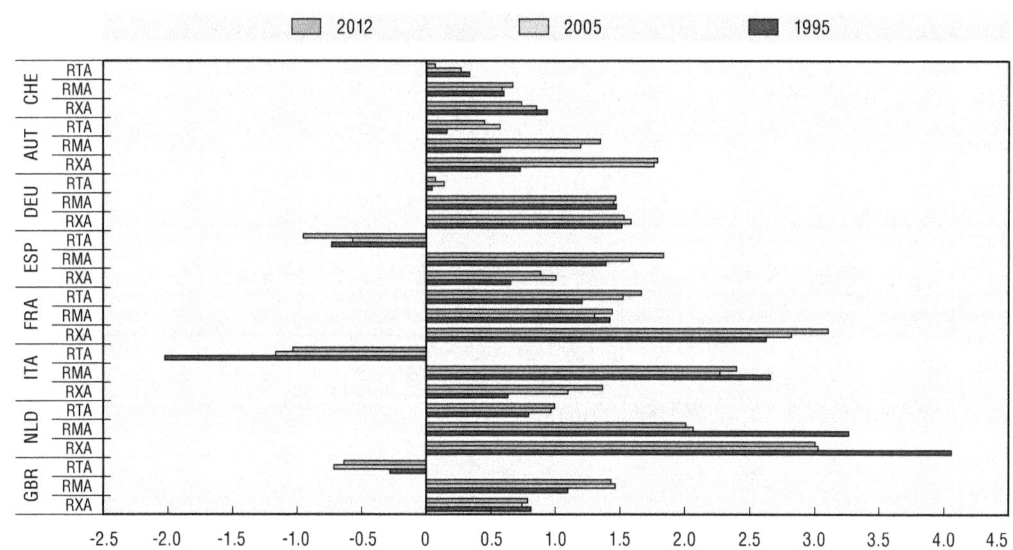

Note : RTA, RMA, RXA renvoient à des indices d'avantages relatifs en matière de commerce/d'importations/d'exportations et sont définis à l'annexe 5.1.

Source : Calculs réalisés par LEI à partir de données Comtrade.

Graphique 5.A1.8. **Indicateurs relatifs aux échanges de l'industrie « autres produits alimentaires »**

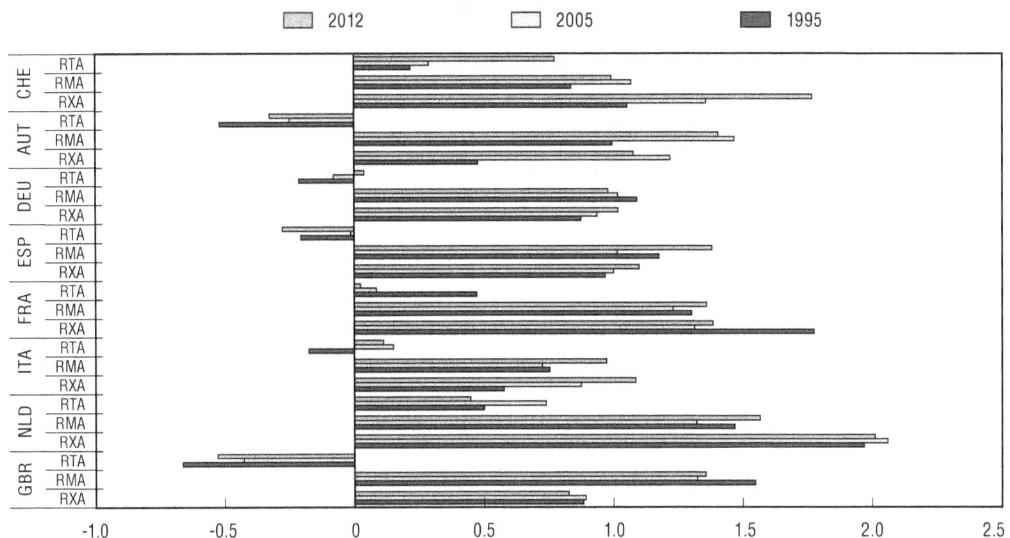

Note : RTA, RMA, RXA renvoient à des indices d'avantages relatifs en matière de commerce/d'importations/d'exportations et sont définis à l'annexe 5.1.

Source : Calculs réalisés par LEI à partir de données Comtrade.

Graphique 5.A1.9. **Indicateurs relatifs aux échanges de l'industrie de fabrication des boissons**

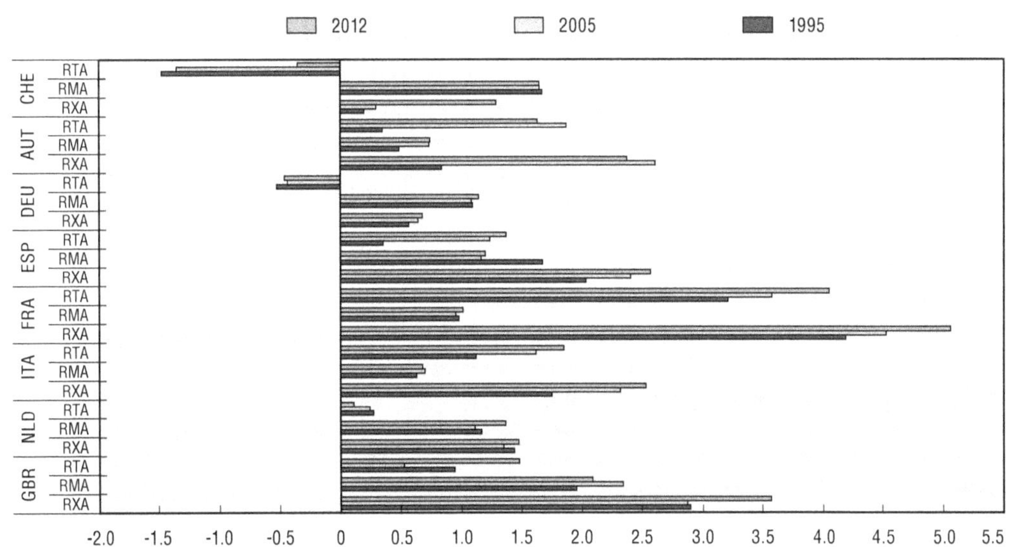

Note : RTA, RMA, RXA renvoient à des indices d'avantages relatifs en matière de commerce/d'importations/d'exportations et sont définis à l'annexe 5.1.

Source : Calculs réalisés par LEI à partir de données Comtrade.

ANNEXE 5.B1

Indicateurs de compétitivité

L'évaluation de la compétitivité des industries alimentaires a pour point de départ l'approche développée par Wijnands et al. et utilisée dans leur étude sur la compétitivité des industries alimentaires européennes (Wijnands, 2008 ; Wijnands, 2007). Dans cette annexe, nous présentons quelques indicateurs supplémentaires qui pourraient être utilisés dans l'évaluation de la compétitivité. La synthèse ci-dessous est loin d'être exhaustive. Par ailleurs, nous distinguons les mesures de la compétitivité fondées sur les échanges de celles fondées sur la performance économique.

Indicateurs relatifs aux échanges

Taux de change et inflation

Pour Latruffe (2010), le taux de change réel constitue l'une des mesures de la compétitivité. La présente étude ne retient pas cet indicateur parce que les industries alimentaires ne représentent qu'une part minime du PIB des économies. Afin de déterminer la valeur ajoutée réelle, nous utilisons l'évolution des prix à la consommation, aussi appelée inflation. L'inflation mesure l'évolution du prix d'un panier de biens et de services qu'un consommateur moyen doit payer. Nous utilisons ici l'indice des prix à la consommation (2005 = 100) issu de la base de données Indicateurs du développement dans le monde.

CP_{ct} désigne l'indice des prix à la consommation pour un pays c et une période t.

Parts de marché sur le marché mondial

La part des exportations sur le marché mondial est un indicateur simple de performance et elle reflète le résultat du processus de concurrence internationale. Nous nous basons sur la différence de part des exportations d'un pays sur le marché mondial entre deux périodes. La croissance que nous mesurons est une évolution et non un taux de croissance annuel entre deux périodes, ce que nous faisons aussi pour d'autres indicateurs. Les taux de croissance entre deux périodes présentent un inconvénient majeur. Les tout petits exportateurs peuvent enregistrer des taux de croissance très importants, mais ils demeurent de petits exportateurs. Même avec des taux de croissance faibles, les gros exportateurs ont un impact plus important sur le marché. La définition de cet indicateur reflète la profonde interdépendance entre les exportations des différents pays. En nous appuyant sur l'écart absolu, nous évaluons l'impact réel sur le marché mondial. En outre, la somme de toutes les évolutions est par définition nulle. Le tableau A5.1 illustre la réflexion ci-dessus issue de (Wijnands, 2007).

Tableau 5.B1.1. **Exemple de l'impact des indicateurs et de l'évolution des parts de marché**

	Part de marché (%)			
	1996-98	2002-04	Écart	Croissance
Pays A	1	2	1	100 %
Pays B	50	51	1	2 %
Pays C	20	20	0	0 %
Pays D	29	27	-2	-7 %

(1) $GES_{ict} = MS_{ict_1} - MS_{ict_2}$

où GES_{ict} est la croissance de la part des exportations sur le marché mondial d'une industrie i, du pays c entre les périodes t_1 et t_2 ;

MS_{ict} la part des exportations sur le marché mondial d'une industrie i, du pays c à la période t ;

c le pays ;

i l'industrie d'après la nomenclature NACE ;

t l'année.

(2) $MS_{ict} = X_{ict} / X_{iwt}$

où X_{ict} désigne la valeur des exportations d'une industrie i, du pays c, à la période t ;

X_{iwt} la valeur des exportations d'une industrie i dans le monde (dans son ensemble) à la période t.

Indice d'avantage comparatif révélé et indicateurs dérivés

L'importance relative d'une industrie dans les échanges totaux est généralement mesurée par l'avantage comparatif révélé (RCA), aussi appelé indice de Balassa ou encore indice de spécialisation (Fertö et Hubbard, 2003 ; Latruffe, 2010 ; Wijnands, 2008). Appliqué aux exportations, il mesure la part des exportations sur le marché mondial d'un bien donné pour un pays donné par rapport à la part des exportations de ce pays pour tous les autres biens. L'indice de l'avantage relatif à l'exportation est défini comme suit :

(3) $RXA_{ict} = \frac{X_{ict} / X_{iwt}}{XT_{ct} / XT_{wt}}$ Valeur des exportations d'une industrie précise i, du pays c, à la période t

où RXA_{ict} est l'indice de l'avantage relatif à l'exportation d'une industrie i, du pays c, à la période t ;

X_{ict} la valeur des exportations d'une industrie i, du pays c, à la période t ;

XT_{ct} la valeur totale des exportations de toutes les industries du pays c à la période t ;

XT_{wt} la valeur totale des exportations mondiales de toutes les industries à la période t.

La valeur totale des exportations de toutes les industries d'un pays renvoie à l'ensemble de ses exportations : produits agricoles transformés ou non, produits industriels et services.

L'inconvénient de cet indice est que les réexportations peuvent être interprétées comme le signe de la forte compétitivité d'un secteur. Ces activités de transit pourraient être influencées par le dynamisme d'un autre secteur, comme la logistique, ou par des conditions favorables, qu'elles soient naturelles, mer par exemple, ou liées à la présence d'infrastructures, comme des aéroports.

Un indice RXA égal à 1 indique que le pays présente la même spécialisation que le monde dans son ensemble. Une valeur inférieure à 1 signifie une sous-spécialisation relative et une valeur supérieure à 1 une spécialisation relative. Ce dernier cas est le signe d'un avantage à l'exportation, puisque les exportations du pays en question sont supérieures à la moyenne mondiale. En fait, cela montre que l'industrie est tournée vers l'exportation et qu'elle est donc orientée vers l'extérieur. Nous utilisons ici aussi la croissance annuelle entre la première et la dernière période. L'indice n'est pertinent que pour les industries exportatrices.

À l'inverse de l'avantage relatif à l'exportation, il existe l'avantage relatif à l'importation :

(4) $RMA_{ict} = \frac{M_{ict} / M_{iwt}}{MT_{ct} / MT_{wt}}$ Valeur des importations d'une industrie précise i, du pays c, à la période t

où RMA_{ict} est l'indice de l'avantage relatif à l'importation d'une industrie i, du pays c, à la période t ;

M_{ict} la valeur des exportations d'une industrie i, du pays c ou du monde w, à la période t ;

MT_{ct} la valeur totale des exportations de toutes les industries du pays c ou du monde w à la période t.

Le RMA s'interprète à l'inverse du RXA. Une valeur inférieure à 1 montre que le pays importe relativement moins que la moyenne mondiale, ce qui peut être interprété comme un avantage concurrentiel ; une valeur supérieure à 1 est le signe d'un niveau d'importation relativement plus élevé.

Des niveaux élevés ou une réexportation des produits, du fait d'un avantage comparatif dans d'autres secteurs ou de la situation géographique d'un pays, peuvent expliquer un RMA élevé.

L'avantage commercial relatif est défini par Scott et Vollrath comme la différence entre le RXA et le RMA (Scott et Vollrath, 1992).

(5) $RTA_{ict} = RXA_{ict} - RMA_{ict}$

Un RTA positif met en évidence un avantage concurrentiel : les exportations sont supérieures aux importations. Une valeur négative indique un désavantage concurrentiel (Scott et Vollrath, 1992).

L'avantage de ces indices réside dans leur simplicité de calcul à partir de bases de données disponibles et faciles d'accès. Dans ce rapport, les valeurs des trois indices sont présentées. En tant qu'indicateur évaluant la compétitivité, la croissance absolue de l'avantage commercial relatif entre deux périodes est utilisée ici puisque cet indice synthétise les évolutions des importations et des exportations. Cet indicateur présente des avantages par rapport aux indices fondés soit sur les exportations soit sur les importations (Frohberg et Hartmanm, 1997). Il constitue une variante de l'approche développée par Wijnands et al., 2008. Une croissance positive traduit une augmentation de l'offre nationale de ce produit, ce qui signifie un gain de compétitivité pour cette industrie par rapport aux autres pays.

Autres indicateurs fondés sur les échanges

D'autres indicateurs relatifs au commerce international sont disponibles comme le ratio d'échanges net, rapport entre les importations et les exportations d'un pays, l'indice de Grubel et Loyd qui porte sur les échanges intrasectoriels, l'indice RXA adapté par Porter ou celui adapté par Dunning. En outre, différentes variantes de ces indices, évoquées ci-dessus, sont discutées dans la littérature (Frohberg et Hartmanm, 1997 ; Gellynck, 2002 ; Latruffe, 2010). Nous n'utilisons pas ces derniers indices parce que nous avons présenté plus haut les indices d'avantage relatif à l'importation et à l'exportation, dont l'interprétation en termes de compétitivité est plus simple. Les indices de Porter et de Dunning comprennent les productions extérieure et intérieure. Nous ne retenons pas non plus ces indices, car comme expliqué plus bas nous utilisons des données de comptabilité nationale qui ne portent que sur la production nationale.

Indicateurs économiques

Les indicateurs utilisés pour mesurer la compétitivité d'une industrie sont issus de Wijnands et al., 2008. Le caractère incomplet des données sur la valeur ajoutée nous a contraints à utiliser le chiffre d'affaires, la valeur ajoutée n'étant, en effet, pas disponible, sauf mention contraire. Pour la période 2009-11, nous utilisons une comparaison basée sur la valeur ajoutée. Dans cette section, les deux indicateurs portent le même acronyme.

Chiffre d'affaires contre valeur ajoutée réelle

La création de valeur ajoutée est un indicateur économique important. Il est lié au dynamisme industriel. La valeur ajoutée totale n'est pas seulement basée sur le facteur travail, mais aussi sur le facteur capital et sur la terre. Dans cette étude, le chiffre d'affaires est utilisé comme variable de substitution. L'indicateur de la croissance est étudiée afin de permettre une comparaison facile entre les pays. Il s'agit de la croissance annuelle de la valeur ajoutée réelle des industries alimentaires (ou d'une industrie en particulier). Elle est utilisée comme indicateur afin de pouvoir comparer les pays en dépit des différences en matière de PPA.

Pour obtenir la valeur ajoutée au coût des facteurs/le chiffre d'affaires en valeur réelle, la valeur ajoutée/le chiffre d'affaires en valeur nominale est déflaté par l'indice des prix à la consommation.

(6) $$RVA_{ict} = \frac{VA_{ict}}{CP_{ct}}$$

où RVA_{ict} est la valeur ajoutée/le chiffre d'affaires en valeur réelle d'une industrie i, du pays c, à une période t ;

VA_{ict} la valeur ajoutée/le chiffre d'affaires en valeur nominale d'une industrie i du pays c, à la période t ;

CP_{ct} l'indice des prix à la consommation du pays c, à la période t.

Parts de la valeur ajoutée réelle contre parts de chiffre d'affaires

L'importance d'une industrie précise est mesurée par sa part dans les industries alimentaires. Si cette part augmente alors l'industrie en question présente un avantage concurrentiel. Elle est alors capable d'attirer des ressources pour sa production. Cela reflète la concurrence pour les facteurs de production (travail ou capital) entre les différentes industries d'un même pays.

Les industries alimentaires sont utilisées pour comparaison lorsqu'une industrie des industries alimentaires, la transformation de produits laitiers par exemple, est étudiée. L'industrie manufacturière est utilisée lorsque ce sont les industries alimentaires dans leur ensemble qui sont évaluées. L'indicateur est la croissance de la part d'une industrie des industries alimentaires. Une croissance positive signifie que l'industrie en question a obtenu de meilleurs résultats que la moyenne des industries alimentaires dans leur ensemble.

$$(7) \quad SRVA_{ict} = \frac{RVA_{ict}}{RVA_{mct}}$$

où $SRVA_{ct}$ est la part de la valeur ajoutée/le chiffre d'affaires en valeur réelle d'une industrie i dans l'industrie manufacturière totale (m) du pays c pour la période t ;

m l'industrie manufacturière dans son ensemble.

Productivité du travail fondée sur la valeur ajoutée réelle, c'est-à-dire ici sur le chiffre d'affaires

La productivité du travail affecte les prix sur le marché. La croissance de la productivité du travail améliore la compétitivité industrielle sur les marchés internationaux. La productivité du travail est souvent perçue comme un déterminant essentiel de la compétitivité. Elle est définie comme la valeur ajoutée réelle, c'est-à-dire ici sur le chiffre d'affaires, divisé par le nombre de salariés. Cet indicateur ne peut pas être comparé entre les différents pays, du fait des différentes parités de pouvoir d'achat. Comme nous étudions la croissance de la productivité du travail, nous pouvons comparer les indices de différents pays. Cet indicateur peut être interprété comme une mesure de la compétitivité potentielle.

$$(8) \quad RLP_{ict} = \frac{RVA_{ict}}{E_{ict}}$$

où RLP_{ict} est la productivité réelle du travail d'une industrie i, du pays c, à la période t ;

E_{ict} le nombre de salariés d'une industrie i, du pays c, à une période t.

Taux de change

Tous les indicateurs exprimés en pourcentage de croissance. Les pourcentages de croissance ne sont pas soumis à l'effet des taux de change, donc ils peuvent être calculés dans leur devise d'origine. Les valeurs nominales dans les parties descriptives sont converties en euros au taux de change indiqué par Eurostat.

Évaluation de la compétitivité

Taux de croissance annuels des indices

D'après Porter, un *avantage concurrentiel est la principale source d'une* performance supérieure à la moyenne sur le long terme (Porter, 1980 ; Porter, 1990). Dans le prolongement des idées de Porter, une industrie est compétitive si elle est capable de dégager de façon pérenne des bénéfices lucratifs et de s'assurer des parts de marché sur les marchés intérieurs et internationaux où elle exerce son activité. Les taux de croissance annuels entre deux périodes (sauf pour les parts de marché sur le marché mondial et pour l'indice d'avantage commercial relatif) sont utilisés comme indicateurs. Des taux de croissance élevés sont le signe d'une performance *ex post* élevée par rapport aux autres industries d'un pays donné.

Comparaison des indicateurs et concurrence globale

Les industries alimentaires sont comparées à celles d'un certain nombre de pays. La comparaison est présentée pour chaque industrie en particulier et pour les industries alimentaires dans leur ensemble.

Les indicateurs mentionnés ci-dessus ont des caractéristiques différentes. Afin de comparer les différentes caractéristiques, les données sont normalisées. Les calculs sont les suivants :

Soit X_i la donnée observée i=1,n (ic le nombre de pays)

$$\overline{X} = \sum X_i / n$$

$$s = \sqrt{\frac{\sum (X_i - \overline{X})^2}{n}}$$

$$z_i = \frac{X_i - \overline{X}}{s}$$

Toutes les variables présentent alors les mêmes caractéristiques (moyenne et écart-type) et peuvent être facilement présentées sur un graphique. En outre, la moyenne de ces valeurs peut être calculée afin d'obtenir une indication de la compétitivité globale. Dans ce cas, on suppose implicitement que le poids ou l'importance de chaque indicateur est le même. Il est possible de pondérer chaque indicateur. Toutefois, il n'existe aucune preuve empirique pour différentes pondérations à l'heure actuelle.

Cette méthode présente toutefois un inconvénient. Les scores standardisés dépendent du nombre de pays et des valeurs des indicateurs dans l'échantillon : ils ne sont pas fixés. Il s'agit d'une référence et si les pays de référence ou la valeur d'un indicateur pour un pays change, la position des pays va également changer. Il s'agit d'une position relative.

Références

BAKBASEL (2014), *Landwirtschaft – Beschaffungsseite, Vorleistungsstrukturen und Kosten der Vorleistungen*, Office fédéral de l'agriculture, BAKBASEL.

CE (2008), *NACE Rev. 2 – Nomenclature statistique des activités économiques dans la Communauté européenne*, Office des publications officielles des Communautés européennes, Commission européenne, Luxembourg.

DEFR (Département fédéral de l'économie, de la formation et de la recherche) (2014), *Une politique industrielle pour la Suisse, Rapport du 16 avril 2014 faisant suite au postulat Bischof* (11.3461), *www.news.admin.ch/NSBSubscriber/message/attachments/34529.pdf*.

Fertö, I. et L.J. Hubbard (2003), « Revealed Comparative Advantage and Competitiveness in Hungarian Agri-Food Sectors », *The World Economy*, vol. 26, n° 2, pp. 247-259.

Frohberg, K. et M. Hartmanm (1997), *Comparing measures of competitveness*, Institute of Agricultural Development in Central and Eastern Europe, Halle.

Gellynck, X. (2002), *Changing Environment and Competitiveness in the Food Industry*, Faculteit Economie en Bedrijfskunde, University Gent, Gent.

Hediger, W. et N. El Benni (2014), *Schlussbericht zum Forschungsprojekt « Wettbewerbsfähigkeit Landwirtschaft –Nachgelagerte Industrien »*, Hochschule für Technik und Wirtschaft (HTW), Chur.

Jarrett, P. et C. Moeser (2013), « The agri-food situation and policies in Switzerland », *Documents de travail du Département des affaires économiques*, n° 1086, septembre 2013.

Krugman, P.R. et M. Obstfeld (2006), *International Economics: Theory and Policy*, Pearson/Addison-Wesley, Boston.

Krugman, P.R. et M. Obstfeld (1988), *International Economics: Theory and Implications*, 6e édition, Addison-Wesley, Boston.

Latruffe, L. (2010), « Competitivité, productivité et efficacité dans les secteurs agricole et agroalimentaire », *Documents de travail de l'OCDE sur l'alimentation, l'agriculture et les pêcheries*, n° 30, Éditions OCDE, Paris.

OCDE (2013), *Économies interconnectées : Comment tirer parti des chaînes de valeur mondiales*, Éditions OCDE, *http://dx.doi.org/10.1787/9789264201842-fr*.

OFS (2013), *La taxe sur la valeur ajoutée en Suisse 2010-2011. Résultats et commentaires*, Office fédéral de la statistique (OFS), Neuchâtel.

OFS (2008), *NOGA 2008 – Nomenclature Générale des Activités économiques*, Office fédéral de la statistique, Neuchâtel.

O'Mahoney, M. et B. van Ark (2003), *EU-productivity and competitiveness: An industry perspective*, Office des publications officielles des Communautés européennes, Luxembourg.

Porter, M.E. (1990), *The Competitive Advantage of Nations*, The MacMillam Press Ltd, Londres.

Porter, M.E. (1980), *Competitive Strategy: Techniques for Analyzing Industries and Competitiors*, The Free Press, New York.

Sagheer, S., S.S. Yadav et S.G. Deshmukh (2009), « Developing a conceptual framework for assessing competitiveness of India's agrifood chain », *International Journal of Emerging Markets*, n° 4, pp. 137-159.

Scott, L. et T. Vollrath (1992), *Global Competitive Advantages and Overall Bilateral Complementarity in Agriculture: A Statistical Review*, Economic Research Service,US. Department of Agriculture, Washington.

Siggel E. (2006), « International competitiveness and comparative advantage: a survey and a proposal for measurement », *Journal of Industry, Competition and Trade*, vol. 6, n° 6, pp. 137-159.

Spence, A.M. et H.A. Hazard (1998), *International Competitiveness*, Ballinger Publishing Company, Cambridge, MA.

Thompson, A.A. et A.J. Strickland (2003), *Strategic Management, Concepts and Cases*, McGraw Hill, New York.

Wijnands, J.H.M., K.J. Poppe et B.M.J. van der Meulen (2008), « An economic and Legal Assessment of the EU Food Industry's Competitiveness », *Agribusiness*, n° 24, pp. 417-439.

Wijnands J.H.M., H.J. Bremmers, B.M.J. van der Meulen et K.J. Poppe (2007), *Competitiveness of the European Food Industry: An Economic and Legal Assessment*, Office des publications officielles des Communautés européennes, Luxembourg.

Wright P., M.J. Kroll et J. Parnell (1998), *Strategic Management Concepts*, Prentice Hall, Londres.

ORGANISATION DE COOPÉRATION ET DE DÉVELOPPEMENT ÉCONOMIQUES

L'OCDE est un forum unique en son genre où les gouvernements œuvrent ensemble pour relever les défis économiques, sociaux et environnementaux que pose la mondialisation. L'OCDE est aussi à l'avant-garde des efforts entrepris pour comprendre les évolutions du monde actuel et les préoccupations qu'elles font naître. Elle aide les gouvernements à faire face à des situations nouvelles en examinant des thèmes tels que le gouvernement d'entreprise, l'économie de l'information et les défis posés par le vieillissement de la population. L'Organisation offre aux gouvernements un cadre leur permettant de comparer leurs expériences en matière de politiques, de chercher des réponses à des problèmes communs, d'identifier les bonnes pratiques et de travailler à la coordination des politiques nationales et internationales.

Les pays membres de l'OCDE sont : l'Allemagne, l'Australie, l'Autriche, la Belgique, le Canada, le Chili, la Corée, le Danemark, l'Espagne, l'Estonie, les États-Unis, la Finlande, la France, la Grèce, la Hongrie, l'Irlande, l'Islande, Israël, l'Italie, le Japon, le Luxembourg, le Mexique, la Norvège, la Nouvelle-Zélande, les Pays-Bas, la Pologne, le Portugal, la République slovaque, la République tchèque, le Royaume-Uni, la Slovénie, la Suède, la Suisse et la Turquie. La Commission européenne participe aux travaux de l'OCDE.

Les Éditions OCDE assurent une large diffusion aux travaux de l'Organisation. Ces derniers comprennent les résultats de l'activité de collecte de statistiques, les travaux de recherche menés sur des questions économiques, sociales et environnementales, ainsi que les conventions, les principes directeurs et les modèles développés par les pays membres.

ÉDITIONS OCDE, 2, rue André-Pascal, 75775 PARIS CEDEX 16
(51 2014 09 2 P) ISBN 978-92-64-22670-8 – 2015-16

www.ingramcontent.com/pod-product-compliance
Lightning Source LLC
LaVergne TN
LVHW081403110826
845149LV00010B/1654

* 9 7 8 9 2 6 4 2 2 6 7 0 8 *